Author：Vicki Cobb
Illustrator：Tad Carpenter

藏在食物里的科学

［美］维基·科布　著　　［美］塔德·卡彭特　绘

郭晓晨　译

SCIENCE EXPERIMENTS YOU CAN EAT

湖南科学技术出版社　小博集

著作权合同登记号：图字 18-2021-334

图书在版编目（CIP）数据

　　藏在食物里的科学 /（美）维基·科布著 ;（美）塔德·卡彭特绘 ; 郭晓晨译 . 一长沙：湖南科学技术出版社，2023.2
　　ISBN 978-7-5710-1848-1

　　Ⅰ . ①藏… Ⅱ . ①维… ②塔… ③郭… Ⅲ . ①食品—少儿读物 Ⅳ . ① TS2-49

　　中国版本图书馆 CIP 数据核字（2022）第 193321 号

上架建议：畅销·科普

CANG ZAI SHIWU LI DE KEXUE
藏在食物里的科学

著　　　者：［美］维基·科布
绘　　　者：［美］塔德·卡彭特
译　　　者：郭晓晨
出 版 人：潘晓山
责任编辑：刘　竞
策划编辑：蔡文婷
特约编辑：董　月
版权支持：刘子一
营销编辑：付　佳　杨　朔　付聪颖　周　然
封面设计：主语设计
版式设计：李　洁
版式排版：百朗文化
出　　　版：湖南科学技术出版社
　　　　　　（湖南省长沙市芙蓉中路 416 号　邮编：410008）
网　　　址：www.hnstp.com
印　　　刷：河北鹏润印刷有限公司
经　　　销：新华书店
开　　　本：700 mm × 875 mm　1/16
字　　　数：182 千字
印　　　张：14.75
版　　　次：2023 年 2 月第 1 版
印　　　次：2023 年 2 月第 1 次印刷
书　　　号：ISBN 978-7-5710-1848-1
定　　　价：48.00 元

若有质量问题，请致电质量监督电话：010-59096394　团购电话：010-59320018

致谢父母

葆拉·沃尔夫，她用食物诠释爱。

本杰明·沃尔夫，他崇尚自学成才，书中自有
黄金屋。

致孩子们

阿比、莱克茜、本、琼尼，还有吉莉恩，继承
了家族终身学习的优良传统。

小提示

　　本书中的实验最好能在成人的监督下进行。书中部分实验涉及使用炉子、烤箱、火柴或化学品等，操作过程中需注意安全。部分食材如坚果等可能会引起食物过敏，请结合自身情况决定是否吃掉"实验成果"。书中包含的营养成分说明，已经过作者仔细研究，并尽一切努力确保其准确性，但不可以替代专业人士的建议。

目 录

第1章

你饿了吗?

来想一下,我们填饱肚子的时候,还有什么事情会让我们感到"饥饿"?像我,还想学习,想把我学到的分享给大家,还想创造新事物。所以我既是一名科学家,又是一位作家。说不定你也是呢。科学探索和创造的过程中最令人激动的时刻就是"啊哈"——那个你知道自己成功了,自豪感随之而来的时刻。这本书就源自一个那样的时刻。

曾经一个朋友打电话来,提议我们一起写一本儿童烹饪书——我们两家都有很多小孩子,每天都要做很多好吃的。我当时想,与其写烹饪书,不如写一本给孩子看的科学指南,之后我脑海里闪过一个名字——"藏在食物里的科学"!

最有意思的事情就是灵光一闪还能付诸实践。本书就是这样来的,通过不同的烹饪过程让小朋友了解基本的科学原理。不过,它只是工具,重要的是你可以自己去体验很多"啊哈"的瞬间。

餐桌上的各种美味自古就深受科学发现的影响。农学研究这些食物是怎么"长出来的"，这门学问帮助农民种出了又大又美味的农作物。人们利用一些食物储存方法，吃到各个季节的食物；科学家和生物工程师还发明了食品添加剂和特殊包装，这样食物不仅可以保持脆度和水分，在质地、味道和视觉吸引力上也不会有太大改变，还有较长的保质期。这些技术保证了发达国家几乎不会有饥荒，这是好消息。

决定健康饮食标准的营养学，偶尔也会带来一些不好的消息。比如某些食物，我们认为是多多益善的，或者至少对我们是没什么坏处的，却突然被披露长期食用会危害健康。目前，美国70%的食物是加工食品，这些食品保质期较长，也容易让人吃上瘾。

现代生活中，人们都很忙碌，没有时间坐下来好好吃一顿饭，和家人聊聊天。这些变化导致了儿童流行性肥胖。所以，我在这本新版的《藏在食物里的科学》中，增加了一章关于科学如何影响我们吃的食物的内容。此外，我也会在本书其他章节介绍营养学的知识，你也可以学到一些基础物理学、化学和生物学的知识。

总的来说，希望你看完这本书后会对科学感兴趣，好奇心和想象力都得到满足。我不仅想让科学易于"消化"，更希望它变成一场发现的盛宴。这本书点子很多，还可以带你将这些点子变为现实，尽管有些"实验结果"味道不错，有些却不太好吃。（说实话，我把每个实验都做了，但没有把所有食物都吃掉。）毕竟这里的食物不以美味为目的，而是来帮助你思考的。

用食物做游戏

烹饪书会准确地告诉你该如何准备食物。食谱是经过厨房尝试后确定的，根据食谱当然可以做出符合预期的、美味的食物。但是这是一本科学书，不是烹饪书。烹饪会使食物发生很多变化，而这些变化正是科学家们感兴趣的。

对一个厨师来说，最简单的活动就是烧开水了——将水放入壶中，壶放到炉火上，等着水咕嘟咕嘟冒泡。这个现象很常见，但是科学家会想很多问题。水要烧到多热才会沸腾？水沸腾后温度还会上升吗？如果不上升了，那又是因为什么？山里的水和海平面上的水沸腾时的温度不同吗？如果确实不同的话，与这个现象结合起来，我们又能学到什么呢？

蒸汽是什么？如何用蒸汽提供能量？比如，如何用蒸汽驱动蒸汽机车？对烧水这一过程的科学思考是科学技术领域的重大突破之一。本书的目的也正是教会你像科学家一样思考，当然也会帮你学到一些烹饪技巧。你慢慢就能感受到，科学并不是同书呆子们所吹捧的那样——是一个神秘的过程。

所以当你做这些实验的时候，要保持思维开放。这样，你会有很多想法，会开始想知道些什么。最好的状态是，你提出很多问题，而且都可以通过自己的实验解决。这样一来，你就会迎接一个又一个珍贵的"啊哈"时刻了，所以不要小看自己的头脑。科学往往是在一个个问题的发现中进步的。20世纪最了不起的科学家、天才偶像爱因斯坦曾经这样描述"问题"："如果我必须在1小时内解决困难，生死攸关，我会用前55分钟决定问一个关键问题，当我知道关键问题后，5分钟之内就可以解决困难"，以及"提出新的问题，发现新的可能，从新的角度看待旧问题，需要创造性的想象力。这标志着科学的真正进步"。

获得想法的最好方法就是去做一些事情。这本书就是一个很好的开始。如果你没有得到期待的结果，并不说明你失败了。大自然不会说谎。你的结果取决于许多变量——你使用的器具、原料，还有你遵循的操作步骤。按照本书的指导进行操作，结果是可以预料的。但是你的厨房也许和我的不太一样。如果你没有得到预期的结果，试着想一下是什么因素造成的。重新设计一下步骤，再做一遍，看看会发生什么。科学家们都会这样——公开自己的操作过程，其他人模仿并确保得到相同的数据。这也是科学自我矫正的一个方式。知识的主体，或者说我们所谓的"科学"，就是很多人做过的数不尽的实验的结果。想一下！一群人创造了这些知识，并分享给全世界，而且是免费的！科学是最初的维基百科[①]。现在你也可以自己做实验，加入这个群体了。

你以前知道科学家很爱玩吗？他们从来不会忘记当一个孩子的感觉。"玩"就是暂时抛开规则，做一些东西只是为了好玩，只是想看看会发生什么。这本书恰恰给了你"玩"的理由。

如何使用这本书？

为了更好地提问题，你需要了解一些背景知识。所以本书每一章都会针对你要探索的主题进行一个简单的介绍，每一个实验后面也会有一个你动手之后可以找到答案的问题。如果你跳过这些，那你不妨去看看烹饪书。在做任何实验之前，你都需要了解，自己要做什么，为什么要这样做。

如果你对科学的了解不多，或者你从来没听说过分子、溶液、元素、化合物和化学反应这些词，你可以把这本书看成一本《走近科学101》[②]，按照顺序一章章地读完。如果你喜欢直接进入主题，那就先大

---

① Wikipedia，用多种语言编写的网络百科全书。
② *Science 101*，国外一本基础科学教材。

概浏览一遍，看看有没有哪个实验能瞬间激发自己的想象力，进而从中间切入。我希望这本书是有趣的，而不是对你来说是一件苦差事。总之，你可以按照自己的习惯，不受约束。

每个实验开始之前都列有所需材料和器具。要确保你已经做好了充足的准备，才能开始实验，避免开始后的某一关键时刻发现少了重要材料。在本书的大部分实验中，我推荐的材料都很容易在你当地的超市买到。而有一些实验的原料和器具要到网上购买，不过它们很容易被找到，而且很便宜。这也就意味着，你要等几天才能开始做实验。所以，筹备和等待也是实验过程的一部分。

实验步骤会指导你每一步该如何做。步骤旁经常会有解释——为什么要这样做。在实验过程中，计时是很重要的，因此你应该在理解一个实验的所有步骤后再动手。

在每个实验室中，都会有针对安全性和器具使用的标准示范，你的厨房也不例外。开始前不妨先问问家里的"厨师"，确保操作准确，实验中如果有不确定的操作也要及时求助。

在实验步骤之后，会有一个关于实验结果含义的简单讨论。我经常会问一些问题引导你观察，而不是一味地告诉你应该得到什么结果。这是一个自我反思、自我答疑的过程，真正的科学家都会这样做。

你自己做实验的时候，会想到很多问题，把它们都记下来。要重视你的想法！不要担心自己"跑偏"了。你可能不信，但事实上，每一个专业科学家的目标都是"跑偏"和发现有意思的事情。正是你的那些发现让科学成为一场冒险！这本书就是你的路线图。旅途愉快，好好享受吧！

第 2 章

溶液

那些构成食物、你以及宇宙中其他事物的"东西"叫作物质。物质指任何有质量且占据空间的东西，化学家正是研究物质及其变化的科学家。

科学家们最初研究物质的时候，不得不面对的一个问题就是，物质在自然状态下是很复杂的。大部分物质都是以与其他物质混合的状态存在的。（可能人们普遍了解的纯净物是金，金几乎不与任何其他物质发生反应且自然形态单纯。）而溶液，比如海水，则是一种有趣的混合物。尤为奇妙的是，溶液都是均一、稳定的混合物。比如在 1 桶海水里，从上面取 1 杯和从桶底取 1 杯，两杯海水的含盐量是相同的。

化学家们会习惯性地思考溶液的构成，以及溶液的特性。他们认为，溶液就像所有物质一样，都是由肉眼不可见的微粒组成的。这些微粒分布在两种相中，其中一种叫作溶剂。水就是一种周围最常见的溶剂。溶剂是连续的，也就是说，水分子是相互接触的。另一种相叫作溶质，盐就是海水中的一种溶质，而溶质是不连续的，溶质微粒会偶尔碰撞，但大多数情况下是被溶剂微粒包围的。你自己在厨房中混合成的盐水就是一种简单的溶液，其中只有一种溶剂和一种溶质。但是海水中有很多种溶质，比如碳酸氢钠（小苏打）和碳酸钙（石灰石）等。一种溶液可以由一种或多种溶剂与一种或多种溶质混合而成。

　　溶质溶解后，其微粒在溶剂中移动，这一过程叫作扩散，且扩散无须外力搅拌。你可以动手试试，将一块糖（一种溶质）放入一杯水（溶剂）中，静置一会儿。糖发生了什么变化？当你看不到糖的小晶体时，用吸管尝一下溶液的上半部分，如果有糖，你会尝到甜味。再用吸管尝一下杯底的溶液作对比。要注意，将吸管伸入杯底前，先用手堵住顶端，然后将吸管下移到你想取样的位置，小心地松开手，会有一段水样吸入管中。慢慢移出吸管，而移出的过程中，手要一直放在吸管顶端，直到吸管底部靠近嘴。移开手指，水样会自动流入嘴中。利用这个小技巧，你可以品尝溶液中各个部分的味道。在移动吸管的过程中要小心，尽量避免对溶液产生干扰。

　　溶液是均匀的吗？如果不是，可以等会儿再尝尝。

溶液对物质研究来说是很重要的。你可以通过某种物质能否在溶液里溶解及其溶解量发现它是什么。很多化学反应可以发生在溶液里，却不能发生在空气中。有了溶液，地球上才会有生命存在。人体50%—75%是水分，身体内大部分的化学反应也是在溶液中发生的。本章会介绍几种不同的溶液及其不同的使用方法，以便你能更好地理解物质。

冰糖
再生溶质结晶

如果你不介意溶剂流失，溶质就可以很容易从溶液中分离出来。将1杯水溶液静置于空气中，溶剂会逐渐挥发，留下溶质。为了收集各种溶液中的溶质，你可以在几个浅底盘上滴几小滴不同的溶液，水分会从面积大的区域蒸发掉。

有些溶质在溶剂蒸发后形成晶体。晶体是具有规则的几何形状的固体，且多面、多棱。用放大镜近距离观察盐和糖的晶体，你会发现它们的形状是不一样的。

冰糖就是体积非常大的晶体。按照下面的实验步骤，你也可以自制冰糖。

材料与器具

- 1/2 杯水
- 1 杯砂糖
- 1 个量杯
- 1 个小炒锅
- 1 个木勺
- 1 个放大镜
- 3 或 4 个浅底盘（或者铝箔蛋糕杯）

步骤

1 将水倒入锅中，用量杯量出 1 杯糖。取 1 勺糖放入水中，记得用木勺搅拌，避免后面加热时勺子会像金属勺那样过烫。糖溶解后继续加入 1 勺，搅拌，再溶解。重复这个过程，直到无论怎样搅拌，糖都不会溶解为止。这种溶液叫作饱和溶液。你一共加了几勺糖呢？

2 将炒锅置于火炉上，用小火加热几分钟。溶液变热后，那些没有溶解的晶体发生了什么变化呢？

3 关火后，将锅从火炉上移开。继续一勺一勺地加糖。热水中需要加几勺糖才能制成饱和溶液呢？

4 将量杯中剩下的糖都倒入水中，将锅放回火炉上再次用小火加热，直到糖都溶解。水沸腾后继续加热 1 分钟左右，溶液会变得浓稠、透明，并且没有糖晶体。趁热将溶液小心地倒入盘中，无须分配均匀。

观察

观察冷却的溶液，注意不要晃动或以任何形式扰乱它。溶液还是清澈的吗？如果开始形成絮状物，就用放大镜观察一下。溶液如果在特定温度下溶解了超过常规量的溶质，就会形成过饱和溶液。过饱和溶液非常不稳定，轻微晃动都会形成晶体，将过量的溶质分离出来。

一些糖类，比如软糖，就是由数百万个小晶体形成的。搅拌软糖浆时，过饱和溶液中会形成小晶体，多余的溶质会分离出来。如果你搅拌的力度不大，形成的晶体就会变大，软糖在你嘴里就会有颗粒感。

做冰糖的话，你可能需要一些大的晶体，而且这需要一些时间，有时要等上几周。将糖水放在室内静置1周或更长时间，每天小心地打碎一些表层结晶，以保证水分持续蒸发。

冰糖会在溶液中任何小物体的周围形成。在过饱和糖溶液里放1根调酒棒，你就可以做棒棒糖了。冰糖也会快速地在掉入溶液中的糖晶体周围形成，这个糖晶体就叫作晶种。你可能会想尝试做1个有颜色的晶种。

结晶是科学家判定得到纯净物的一种方法，无论是一种元素还是一种化合物。晶体也可被用来分析物质结构，科学家认为，晶体完美的形状绝非偶然，而是物质中最小的微粒有序排列的结果。这些微粒，比如分子和原子，都是有体积（尽管非常小，小到用最强大的显微镜也观察不到）和形状的。晶体中分子或原子的排列方式决定了晶体的形状，就像砖堆叠起来会形成一个矩形堆一样。

用放大镜比较一下冰糖晶体和砂糖粒的形状，它们是一样的吗？糖和盐的晶体形状一样吗？你认为糖和盐的分子形状会一样吗？

冰棒与溶液的冰点

实验室中反复出现的一个问题就是：你如何判定自己做出的是纯净物？回答这个问题的一个方式是，比较一下已经确定的纯净物（参考生产商标签）和已经确定的化合物（你可以自己做出来）有什么区别。我们都知道，纯水在 32 华氏度 [①]（0 摄氏度）会结冰。溶液的结冰温度和纯水的一样吗？跟随下面的实验去验证一下吧。

材料与器具

- 1 杯清澈的无果粒的橙汁（罐装或者瓶装的都可以，樱桃、葡萄或者苹果汁也可以）
- 1 支钢笔
- 6 根调酒棒或木质搅拌棒
- 6 个足以盖住纸杯口的圆形纸板

---

① 非法定计量单位中的华氏温度单位，符号℉。在标准大气压下，纯水的冰点为 32 华氏度，沸点为 212 华氏度，32 华氏度至 212 华氏度之间均匀分成 180 份，每份表示 1 华氏度。

- ●水
- ●6个纸杯（5盎司①规格）
- ●2个量杯（每个量杯至少可以容纳1纸杯液体）

步骤 ●●●●●●

你将在几个纸杯中有规律地倒入不同分量的果汁，然后将它们冷冻起来。第1个纸杯直接倒入纯果汁，第2个纸杯倒入1/2的果汁和1/2的水，第3个纸杯倒入1/4的果汁和3/4的水，以此类推。如此有规律地向溶液中加水的方法叫作连续稀释。在很多行业的实验室中，人们会采用连续稀释法检测某种物质的强度，比如洗衣机中应放入多少洗衣液，生病的时候要吃多少阿司匹林，等等。

既然这个实验目的是比较不同纯度的冰棒的冰点和水的冰点，那么你也要做1个纯水的不添加果汁的冰棒。这个纯水的冰棒叫作对照组。对照组和实验组的唯一区别是前者不含实验对象，其他条件都相同，因此对照组是对实验组进行比较的标准。

1 标记纸杯：纯果汁、1/2果汁、1/4果汁、1/8果汁、1/16果汁，以及对照组。

2 纸板用于固定调酒棒直到里面的液体冻成冰棒。纸板要足够大，能盖住杯口并且不会掉入杯中。在纸板中心打1个小孔，大小刚好能穿过1根调酒棒。每个纸板中心都插好1根调酒棒。

3 在对照组纸杯中倒入1/2杯纯水。

4 用量杯取1纸杯量的果汁，将其中1/2倒入第2个量杯中，剩下的1/2倒入标记"纯果汁"的纸杯中。

① 英美制质量或重量单位。1盎司合28.3495克。

5 在第 2 个量杯中加入 1/2 纸杯的纯水，混合为 1 纸杯量的溶液。搅拌均匀后，用第 1 个量杯取其中 1/2 的稀释液倒入标记"1/2 果汁"的纸杯中。

6 向量杯剩余的溶液中倒入 1/2 纸杯的纯水，混合为 1 纸杯量的溶液。搅拌均匀后，取其中 1/2 的稀释液倒入标记"1/4 果汁"的纸杯中。

7 按照同样的步骤，制作标记为"1/8 果汁"和"1/16 果汁"的溶液。

8 将插有调酒棒的纸板分别盖到几个纸杯上，调整调酒棒使其刚好接触杯底。

9 将 6 个纸杯放入冰柜冻起来。有一点很重要，记得将它们放在同一深度，以确保温度相同。大约 40 分钟后，打开冰柜，上下轻微摇动调酒棒，检查冷冻情况。冷冻后，你能感觉到液体在逐渐结冰。大约每 20 分钟检查一次。

哪个冰棒最先形成？哪个冰棒最后才形成？溶液结冰比水结冰更快还是更慢呢？

观察

生活中很多做法都是基于这个实验的原理。比如冬天为什么要在人行道上撒盐，为什么趁天气变冷前就要在汽车水箱中加入酒精，以及如何从某种溶液的冰点判断某一物质的纯度。化学家的手册中都会列出纯溶剂的冰点，如果他们在实验室中测试某种液体的冰点，结果却不合常规，那他们就知道一定有其他物质混入其中了。

　　液体完全冻成坚固的冰棒需要几个小时，实验完成后你就可以开吃啦。尽管有一些的味道不如其他，但即便是纯水冻成的冰棒，在炎炎夏日也足以令人感到凉爽。撕掉纸杯，慢慢享用吧！

果汁与溶解速率

　　有一些溶液比另一些形成得快，你能想到是哪些变量起作用了吗？接下来的实验向我们展示了温度是如何影响溶质在溶剂中的溶解速率的。

材料与器具

- 1/2 杯冰水
- 1/2 杯常温水
- 1/2 杯开水

- 1 瓶无糖纯果汁[①]
- 食糖
- 6½ 杯冷水

- 1 个量杯
- 3 个透明平底玻璃杯
- 1 个 2 夸脱[②] 容量的水罐

---

① 原英文版中使用的材料为"酷爱"牌粉末饮料（Kool-Aid，与冲泡果汁差不多，非常酸，需与水和糖混合后饮用，一般一包粉末饮料兑 2 夸脱水）。
② 英、美计量液体或干量体积的单位。用作液量单位时 1 英夸脱 ≈ 1.137 升；1 美夸脱 ≈ 0.946 升。

步骤

1 将 1/2 杯冰水、1/2 杯常温水和 1/2 杯开水分别倒入 3 个玻璃杯中。

2 在每个玻璃杯中加入少量无糖纯果汁，观察果汁如何扩散成溶液。

观察

哪杯水中果汁扩散得最快？果汁滴入后多久才能扩散均匀？

用同样的方法试一试其他颜色的溶质，比如速溶咖啡、食用色素。

完成实验后，你就可以准备喝果汁了。将所有的溶液倒入 1 个 2 夸脱的水罐中，加入剩余的纯果汁，并按照包装标签的建议，加入一些糖。加入 6½ 杯冷水，使其达到 2 夸脱。

糖球果汁

溶质的表面积如何影响它在溶剂里的溶解速率？答案就在下面的实验里。

材料与器具

- 3/4 杯常温水
- 3 块深色硬糖（葡萄或者樱桃味的）
- 3 个小玻璃杯
- 1 个量杯
- 防水纸
- 1 个锤子或擀面杖

步骤

1 每个杯中倒入 1/4 杯水。

2 用防水纸包住 1 块糖，然后用锤子或擀面杖轻轻敲打，使糖碎成几块。接着，用防水纸同样包住另一块糖，将其碾碎，让它变成砂糖粒一样。

3 将完整的糖放入第 1 个杯子，碎成几块的糖放入第 2 个杯子，砂糖粒状的糖放入第 3 个杯子。

观察

哪个杯子里的糖表面积最大？哪个杯子里的糖最先溶解？你觉得溶质的表面积和溶解速率之间有什么关系？你的发现能否解释这个问

题：为什么细砂糖被用于增加冰饮料的甜味？

你可以做出 1 杯爽口的饮品了。将 3 种溶液倒入 1 个杯子中，加入一些冰块，再加入 1 片甜橙切片，节日气氛十足。

红甘蓝指示剂

很多被叫作"某酸"的溶液都会有一种独特的味道——酸味。"酸"这个词的英文（acid）来自拉丁语，意思是强烈的或口感刺激的物质。酸溶液也可以导电。将灯泡的电线两端与浸泡在酸溶液里的两个电极连接时，灯泡会亮。酸溶液不是唯一可以导电的溶液，碱溶液也可以。

很多食物中都含酸，比如柠檬汁和醋。碱虽然不像酸在食物中常见，但偶尔也会出现。比如小苏打，溶于水中就会形成碱溶液。

当然，还有很多强酸强碱，因为有毒性或者会对活组织造成巨大伤害，不能用于制作食物。化学家们不会通过品尝来确定某种物质的酸碱性，他们会用一种叫作指示剂的染料，根据其颜色变化来判断溶液的酸碱性。石蕊试纸就是一种指示剂，遇到酸变红，遇到碱变蓝。

红色甘蓝中的色素就可以作为你的"石蕊试纸"，下面我们看一下如何做红甘蓝指示剂。

材料与器具

- 1个红甘蓝
- 水
- 1把餐刀
- 2个大碗
- 1个磨碎器（或者擦菜板）
- 量杯和量勺若干
- 1个漏勺
- 1个过滤器
- 1个非常干净的大口径玻璃杯（带盖子）
- 1个小的白色盘子

步骤

1. 将甘蓝切成4瓣，用磨碎器或者擦菜板擦碎后放入大碗，向碗中倒入1—2杯水，使之足以浸泡甘蓝，不时轻微搅拌一下，保证甘蓝浸泡充分。

2. 当水变成深红色时，用漏勺捞出甘蓝，尽量捞干净。将甘蓝放入另一个碗中。将红色的水溶液过滤后倒入玻璃杯中，滤出的残留甘蓝放入碗中。

3. 用量勺取1勺左右的红甘蓝汁倒入小白盘中，加入少量你可以确定是酸的物质（比如柠檬汁或者醋）。注意观察加入酸后红甘蓝汁的颜色变化。另取一些红甘蓝汁，加入少量碱（比如小苏打），再观察颜色变化。非常漂亮！向

碱和指示剂的混合物中加入一些酸，颜色又变回来了吧！思考一下，如果向含酸的指示剂中加入碱，颜色会怎样变化呢？酸碱混合后会发生中和反应，而指示剂本身的颜色就非常接近中性。下面你就可以检测一下周围的食物了，看看它们是酸性还是碱性的。你可以参考这个列表：

- 煮沸的蔬菜水，比如煮黄豆、豌豆、洋葱、胡萝卜、白萝卜、芹菜、芦笋等的水
- 罐装水果汁和蔬菜汁
- 塔塔粉
- 蛋清
- 水果汁
- 白干酪

实验剩余的红甘蓝可以做沙拉和凉拌菜，或者你可以进一步用它做实验。你必须在两天之内用掉它，不然会坏。

材料与器具

- 上一个实验中的碎片甘蓝
- 1 个酸苹果
- 1 把餐刀
- 1 个木勺
- 水
- 2 个铝质煮饭锅（看一下内侧标签确定是铝质的，如果不确定，问问家里的"厨师"）

步骤

1 将甘蓝平均分成 2 份，放入两个锅中。将苹果切成 4 等份，去核，切成小块，放入其中一个锅中。向两个锅中加水，浸没锅底（大约 1/4 至 1/2 杯水）。

2 分别用小火加热 20 分钟左右，不时搅拌。

观察 ◀◀▶▶

哪一个锅里的煮熟的甘蓝更红？哪个锅里的含酸？你的发现是否说明了少量铝和水结合形成氢氧化铝这种碱？苹果又与这种碱发生了什么反应呢？

你也可以用煮过的甘蓝作为指示剂，但是不要用铝锅煮哟。将甘蓝切碎后，放入不锈钢锅、陶瓷锅或者玻璃锅中，用水浸没。置于小火上加热 3—4 分钟直到煮沸，然后将水滤出。煮熟的甘蓝指示剂颜色会比没煮熟的更深一些，你可以比较一下看看自己喜欢用哪种。

旋光性糖浆
◀◀◀▶▶▶

纯溶液的一个特点就是，当有光线穿过时，液体清澈透明。你从侧面看不到溶液中的光路，但是可以从另一侧看到光线穿出。

有一种特殊的光叫作偏振光。当你打一束偏振光，穿过糖浆（一种浓度很高的糖溶液）时，你会看到一个很有趣的现象。但在此之前，你可以先了解一下自然光①，这会帮助你从多个角度思考问题。

　　光是以波的形式传播的能量。观察一下水波，如果你向一个平静的池塘中扔一块鹅卵石，石头落水处周围会有一圈圈波纹向外扩散，石头落水产生的力量就是波纹传播的能量源。向外扩散的水波有波峰和波谷。你从侧面看会发现，波的最高点和最低点与水波移动方向（传播轴）的平面垂直。漂在水面上的软木塞会随着水波上下浮动，却不会随波漂走。（你有什么办法证明这点吗？）水波的高度是以与平静状态下的水面成直角的角度来测量的。下面这个图展示了构成水波的几部分以及它是如何传播的：

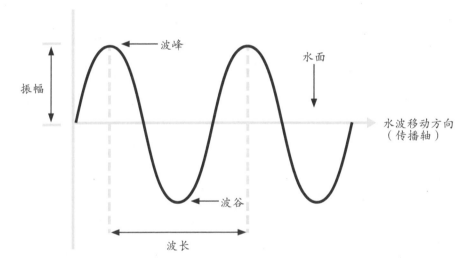

　　光波比水波复杂一些，因为光线不仅在一个水平面上传播，还可以在与以传播轴（波的传播方向）成直角的各个平面上传播。你可以把波的上下运动看作一种振动。

————————————

① 不直接显示偏振现象的光，一般光源直接发出的光都是自然光。

当你在光线外装一道"门"，只留下一个方向任其振动，会发生什么呢？门的另一侧会出现偏振光。下图展示了这样一道门是如何阻断所有非垂直方向的光传播的。

光线穿过方向交叉的偏振器

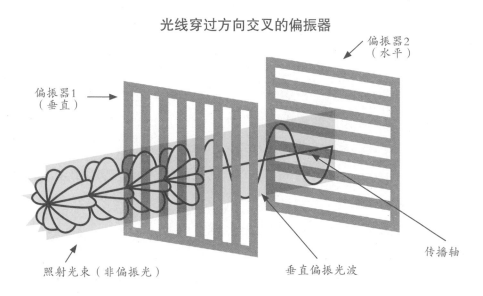

偏振器2
（水平）

偏振器1
（垂直）

传播轴

照射光束（非偏振光）

垂直偏振光波

偏光太阳镜的镜片就是这种"门"的一个例子。强光，以及天气晴朗时一些表面反射的太阳光大部分都是水平偏振光，所以偏光太阳镜的镜片相当于垂直放置的"门"，阻断水平偏振的光，防止强光刺眼。但是当你偏头，镜片倾斜时，就会有一部分强光被放进来。

试着想一下：假设偏光太阳镜的镜片只允许垂直的偏振光穿过，在这个镜片上面交叉放置另一个镜片，而这个镜片只允许水平的偏振光穿过。经过这样两道"门"，光线会完全被挡在镜片外。动手试试吧。将两个镜片重叠放置，旋转上方的镜片，在旋转过程中穿过镜片的光线量会发生变化。转到某个角度，就完全没有光线穿过了。

一些糖溶液就有旋光性，它们可以旋转偏振光的传播方向。接下来的实验不仅仅是一个食谱，还会刷新你对糖浆的认知。

材料与器具

- 用透明容器分别取几种不同的糖浆（枫叶糖浆[①]、麦芽糖浆[②]和玉米糖浆[③]；稀释后的糖蜜[④]；你用冰糖做的糖溶液）
- 1 对偏光太阳镜的镜片（可以在 1 元店买 1 副便宜的塑料太阳镜，用太阳镜做实验一定要征得家人的同意）
- 空白的电脑屏幕（打开 1 个空白的 Word 文档，电脑屏幕发出的光就是偏振光）
- 小的透明玻璃杯（用来放置糖浆样本）

步骤

1 首先测试电脑屏幕发出的偏振光的方向。将太阳镜片放在眼前，你就可以看到屏幕的光。慢慢旋转镜片，当镜片与电脑发出的偏振光的方向垂直时，光线传播受阻，透过镜片看不到光。

2 将 1 份糖浆样本倒入透明玻璃杯中。对着电脑屏幕举起杯子，透过太阳镜片去看穿过杯子的光线。慢慢旋转镜片，你会看到一系列不同的颜色，那就是彩虹的 7 种颜色：红、橙、黄、绿、

---

① 用含糖枫叶制成的一种糖浆，在加拿大等国家比较常见。
② 一种淀粉糖浆，其主要成分是麦芽糖。
③ 一种由玉米淀粉制成的糖浆。
④ 甘蔗的浓缩汁。

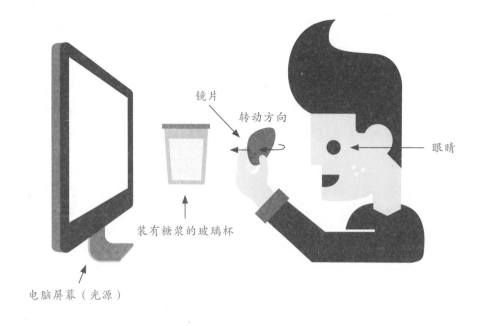

镜片

转动方向

眼睛

装有糖浆的玻璃杯

电脑屏幕（光源）

蓝、靛、紫。所有白光都是由这7种光组成的，每种颜色的光都有不同的波长。红色光波长最长，紫色光波长最短。

3 如果你想对比一下偏振光和非偏振光产生的不同效果，就对着太阳光举起1个装有糖浆样本的玻璃杯。同样旋转太阳镜片观察透光，你将不会看到不同颜色的光变化。

观察

当偏振光穿过糖浆时，白光中的每一种颜色的光波都会以略微不同的量旋转。当你将偏光镜片放在玻璃杯前时，它会过滤掉偏离的光波，所以你会看到一系列不同颜色的光线。偏振光和旋光性的概念十分复杂，你可以随兴趣到光学书籍中了解更多。

生化学家使用一种叫作偏振器的仪器测量糖溶液的旋光性。葡萄糖是一种非常重要的食用糖，又称"右旋糖"，因为它的水溶液会使偏振光向右旋转，或者说顺时针旋转。果糖，另一种单糖，常见于水果中，又称"左旋糖"，因为它的水溶液会使偏振光向左旋转，或者说逆时针旋转。糖的旋光性在生物化学研究中是一种用来鉴定糖以及研究糖分子结构的很重要的依据。糖溶液在偏振光下的作用方式与其分子结构直接相关。

做煎饼的麦芽糖浆和你自制的冰糖的糖浆不一样，前者没有晶体。糖浆中包含几种不同的糖时不易形成晶体，因为不同的糖分子互相不结合。

笔记

第 3 章
悬浊液、胶体和乳浊液

　　物质存在于各种混合物（比如本书在前文提到的溶液）中。混合物除了溶液外，还有其他的类型。对科学家来说，找出混合物中的各个成分，的确是一个挑战。

水被称作通用溶剂，因为与其他液体相比，水可以溶解更多物质，但并不是所有物质都能溶于水。一些水的混合物，比如泥浆水，含有的颗粒太重，搅拌后有沉淀。这类混合物就叫作悬浊液，因为颗粒只是暂时悬浮在液体中。待悬浮物沉淀后，倒出液体，就可以将固体颗粒从悬浊液中分离出来。这种固液分离的方法叫作倾析法。如果悬浮液中的颗粒较小，可能要等几天或者几周才能沉淀。对于这类悬浊液，倾析法就不实际或者不适用了，你可以换用滤网或者过滤器进行固液分离。

　　过滤还可用于筛选一定体积的颗粒。

　　通过下面的实验了解更多关于悬浊液的知识吧，看看科学家们是如何处理悬浊液的。

罗宋汤 ①
分离悬浮颗粒

◖◖◖●●●

　　果泥或者菜泥这类食物泥就是一种食物悬浊液。食物泥是用食品加工机或者搅拌机制成的，或者是将软食品通过过滤器制成的。食物泥颗粒太小了，在溶剂中要经过很长时间才能沉淀下来。豌豆酱、番茄酱和苹果酱都是食物泥。罐装甜菜汤，或者罗宋汤，是比较好的例子，可以帮助我们快速理解悬浊液，因为里面有甜菜泥。

① 一种浓菜汤，通常以甜菜或番茄为主要原料。

材料与器具

- 1 杯罗宋汤（容量任意）
- 带秒针的手表
- 一些咖啡滤纸
- 1 个滤网
- 1 个大木勺
- 1 汤匙酸奶油
- 2 个玻璃杯
- 1 个球形搅拌器或者打蛋器

步骤 1

1. 晃动罗宋汤杯子，用表记下甜菜沉底需要多长时间。观察一下，是否有甜菜粒状物或碎片悬浮时间较长？是哪些沉淀物悬浮时间较长？

2. 将杯中液体倒（倾析）出来，过滤后倒入玻璃杯中。

观察

是否有甜菜粒状物或碎片留在滤网上？通过滤网的颗粒有多大？它们与滤网孔相比，大还是小？

步骤 2

1. 将滤网冲洗干净后，放 1 张滤纸在上面，并将滤网置于另一个玻璃杯上方。

2. 将刚刚滤过的液体全部倒入滤网，通过滤纸再次过滤，让液体流入第 2 个玻璃杯中。

观察

你能否用证据证明，虽然肉眼看不到，但是滤纸也有孔？滤纸上有甜菜沉淀物吗？这些甜菜沉淀物与滤纸上的孔相比，大还是小？

尝一尝你刚刚过滤出的液体。罗宋汤含糖吗？你怎么知道的？（可以对照商品成分列表检测自己是否猜对了。）将糖粒的大小与滤纸上的孔的大小（小到看不见）相比，你有什么发现吗？

步骤3

1 将滤纸从过滤器上取下，滤网则继续放在玻璃杯的顶部。从杯子底部取 2 大勺罗宋汤内的甜菜，将其放在滤网中，用勺子向下挤压，让甜菜经滤网挤成泥状，漏入玻璃杯里的液体中。记得将滤网上残留的甜菜泥刮到杯中，可以用少量玻璃杯中的滤液清理滤网上的残渣。将混合物倒入另一个杯中，经过以上操作，你的混合物就不会有太多沉淀残留在杯中了。

2 搅拌混合物或者摇晃玻璃杯，使甜菜泥与液体充分混合。

观察

这些甜菜泥要多久才能沉淀？它们最后都沉淀了吗？甜菜泥与挤压成泥之前的沉淀物相比，哪一种沉淀得更快？（如果这个过程不好观察，可以到光照更强的地方试一试。）

通过这个实验，是不是就可以

解释，沉淀速度和过滤都可以用来确定沉淀物的颗粒大小？你能否理解，这些步骤是如何区分不同物质并将其分离的？你能否设计一个实验，用搅拌机或者食品加工机做食物泥，粗大的块状和细小的颗粒相比，成泥的速度是否有差异？

做完实验，你还可以继续加工，做一道美味的冷汤。让混合物冷却一会儿，加入 1 勺酸奶油，用搅拌器或者打蛋器搅拌一下就可以了。

流体食品与丁达尔效应

溶液和悬浊液都是两相[①]的混合物。第 1 种相，溶剂，可被视为具有连续性，即溶剂中所有微粒彼此接触。第 2 种相，溶质，可被视为具有非连续性，即溶质微粒间彼此分离，且被溶剂微粒包围。从本质上讲，真溶液[②]和悬浊液的主要区别在于溶质微粒的大小。在溶液中，溶质微粒大小几乎与单个分子相同，而在悬浊液中，溶质微粒由数不尽的分子组成，大到可以过滤出来。

胶体是这两种相的第 3 种混合物。胶体中的悬浮粒子比单个分子要大，却没有大到会沉淀，而是保持永久、稳定地悬浮。仅靠观察很难区分溶液和胶体，不过你可以通过一个很简单的实验区分二者，而你需要的只是 1 个透明的玻璃杯和 1 个手电筒。

[①] 物理和化学性质相同，且具有明显边界的一个均匀物质系统或系统中的一个部分。
[②] 分散质粒子小于 10^{-9} 米的分散系，简称溶液。

分散相=白色微粒/粒子
连续相=深色液体

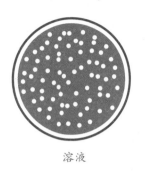
溶液

悬浊液

胶体

　　用1束光照射胶体，你可以从侧面看到光束，因为胶体中的粒子足够大，可以像小镜子一样反光。这种光散射的现象叫作丁达尔效应。阳光照进满是灰尘的房间，或者在有雾霾的夜晚打开车灯，都会看到丁达尔效应。雾霾和尘埃粒子都足够大，可以反射光线，而空气中的分子太小，不能反射光线。

　　你也可以在我们喝的饮料中看到丁达尔效应。将少量饮料倒入透明玻璃杯中，然后将杯子放在黑屋子里，打1束光穿过杯子。（用激光

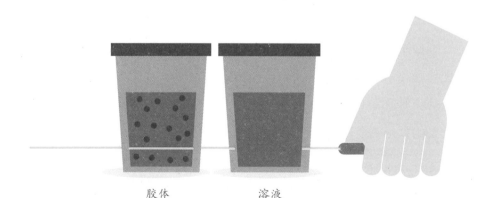
胶体　　　　　　溶液

笔效果尤其棒。）从侧面观察光束，如果你可以看到光路，说明液体是胶体；如果看不到光路，则说明液体是溶液。

这些饮料中，哪些是胶体？哪些是溶液？茶、蔓越莓果汁、无色糖浆、橙味饮料（不是橙汁）、咖啡、盐水、果冻、冲泡果汁、法式清汤、蒸馏醋、蛋清、苹果酒。

活细胞的全部物质——原生质，就是一种复杂的胶体。想一想：如果用光束穿过1个细胞会发生什么？

沙拉调料
悬浮在液体中的液体

将水和油混合在一起，然后将它们静置，它们会分离成两层。如果两种液体不能混合成溶液，那这种现象叫作互不相溶。

经典的法式沙拉调料（油醋汁），就是油、醋和一些作料的混合物。醋（含酸）是一种水溶性物质，与油互不相溶。为了使调料味道一致，使用前要使它们充分混合。大力摇一摇，赶在油和醋分开前将调料倒入沙拉中。

以下实验是为了回答这个问题：

两种互不相溶的液体的液滴的体积大小会影响分层的速度吗？

材料与器具

- 1/3 杯醋
- 1/2 茶匙盐
- 1 杯色拉油（玉米油、葵花籽油或者红花油）
- 量杯和量勺若干

- 1/4 茶匙胡椒粉
- 1/4 茶匙蒜粉
- 有秒针的手表或者钟表
- 1 个小碗

- 1 个两杯容量的大玻璃瓶（带可以拧紧的盖子）
- 1/4 茶匙辣椒粉
- 打蛋器或者电动搅拌器
- 1 个放大镜

步骤 1

1 将醋倒入大玻璃瓶中，然后倒入盐、胡椒粉、蒜粉和辣椒粉，拧紧盖子，摇一摇。

2 倒入色拉油，让混合物静置几分钟。

观察

油去哪里了？1 杯水和 1 杯油相比，你觉得哪个更重些？有什么办法可以证明自己的猜测吗？

步骤 2

1 拧紧瓶盖，大约摇晃 10 次，用手表记下混合物分离需要多长时间。你能看出哪些是连续相，哪些是分散相吗？

2 用力摇晃大约 20 次，计时。相比之前，调味料会用更长还是更短的时间完成分离？找一找悬浮在油中的醋。

3 按不同次数摇晃瓶子，每次摇完后观察调味汁液滴的大小。哪

一次的液滴最小？

4 将混合物放入小碗中，用打蛋器或者电动搅拌器大力搅拌约4分钟，接着快速将其倒回玻璃瓶中。用放大镜观察液滴，调味料经过多久才能分层？摇晃和搅拌对液滴大小有什么影响？

可以用这个法式沙拉调料做蔬菜沙拉，将调料混合均匀后取适量倒在蔬菜上就可以了。

乳浊液

鲜牛奶静置在空气中，乳脂会在表面形成一层像奶油的薄膜。对鲜牛奶进行均质处理——将牛奶倒入均质器，均质器上的小孔会将乳脂打碎成小液滴。为什么均质处理后，乳脂就不会从牛奶中分层了呢？

两种互不相溶的液体形成的分散系统叫作乳浊液。"乳浊液"的英文"emulsion"来自拉丁语，意思是"析出奶"。乳浊液浑浊或呈絮状，奶油就是一种乳浊液,乳脂液滴悬浮在水溶性连续相中。牛奶或奶油中的水中溶有牛奶蛋白和糖。向玻璃瓶中倒入多脂奶油,拧紧瓶盖,用力摇晃几分钟,就像做法式沙拉调料那样。你会得出与法式沙拉调料刚好相反的结果。做法式沙拉调料的时候,晃动会使分散相(醋)碎成微小的液滴,分散在连续相(油)中。而如果你摇晃大量的奶油,微小的乳脂液滴(分散相)之间会互相接触。下一章我们做黄油的时候,会再次提到这一点。

蛋黄酱
一种稳定的乳浊液

法式沙拉调料中的油和醋开始分层后,油滴和醋滴都越来越大,渐渐形成两层,油层在上。然而如果你在油和醋的混合物中加入某些特定物质,就可以使混合物达到稳定,并防止油和醋分层,形成由两种互不相溶的液体混合成的稳定乳浊液。这种防止两种液体分离的物质就叫作乳化剂。

肥皂就是一种乳化剂。清洗衣服上的油污时,热水会将油脂变成油。肥皂分子一端吸附油脂,另一端溶于水,油脂液滴附着在肥皂分子上,与无数肥皂分子共同悬浮于水中。乳化后的油脂很容易被冲洗掉。你可以试试不用肥皂洗衣服,先用冷水再用热水,对比一下就知道肥皂的乳化作用了。你能把衣服洗干净吗?

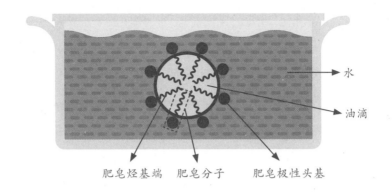

水

油滴

肥皂烃基端　肥皂分子　肥皂极性头基

　　蛋黄酱是油和醋形成的乳浊液。醋是酸溶于水形成的一种溶液。做蛋黄酱的过程中，总的油量是水量的 5 倍，醋在油滴周围形成薄膜，而蛋黄是乳化剂。对很多自称大厨的人来说，做蛋黄酱都是一个不小的挑战，但当你理解了整个乳化过程后，一切也就没有那么难了。

材料与器具

- 两个蛋黄（参考216—217 页了解如何从生鸡蛋中分离蛋黄）
- 1/2 茶匙芥末酱（不要芥末粉或者干芥末）
- 1/2 茶匙盐
- 3 茶匙醋
- 1 杯色拉油（玉米油、葵花籽油或者红花油）
- 量杯和量勺若干
- 1 个小碗
- 1 个电动搅拌器（或者请朋友用打蛋器帮忙）

步骤

　　开始前，在常温下准备好所有材料。温热的油比冷油更易流动，温热的蛋黄比冷蛋黄乳化作用好。（你能想到一些实验来证明这些观点吗？）

1 将蛋黄、芥末酱、盐和 1 茶匙醋倒入碗中，以适中的速度搅拌，直到蛋黄呈柠檬色。这时说明蛋黄已经和醋中的水混合好了，可以放入油了。

2 将油慢慢加入碗中，同时不停地搅拌。如果没有搅拌器，可以请朋友手动搅拌。一个人加油，另一人搅拌。

观察

制作蛋黄酱的原理是将微小的油滴均匀分散在蛋黄中。蛋黄将油滴包裹起来防止油滴聚合到一起后形成单独的一层。如果你一次加太多油或者加油加得太快，油滴在进入蛋黄之前就会聚合到一起，蛋黄酱中就会有"油块"，难以成形。如果出现这种情况，可以再准备 1 个蛋黄，将有油块的蛋黄酱加入蛋黄中，注意不是直接将蛋黄加入蛋黄酱中。

当混合物变得黏稠厚重时，说明已经形成了乳浊液。一般加入 1/3 杯油即可成形。

乳浊液形成后，你就可以稍微加快倒油的速度了，直到油都加入蛋黄中。如果混合物过于黏稠，加 1 茶匙醋。浮在表面的醋要处理干净，搅拌均匀。

自制的蛋黄酱很黏稠，呈金黄色，色泽鲜亮，但是很容易变质，所以你要将它放在冰箱里。记住给它封口，不然它的表面会形成薄膜。

一些烹饪书中写道，阴雨绵绵或者雷电交加的天气里不好做蛋黄酱，但其实不论天气好坏，每个工作日商店里都会卖新鲜的蛋黄酱。你想不想挑战一下下雨天做蛋黄酱呢？

草莓冰激凌球

冻起来的乳浊液

冰激凌, 或者冰激凌球, 以及其他冷冻甜点中都含有水和奶油。由于脂肪液滴很小, 分离脂肪并不是什么难事。做冷冻甜点的话, 最难的是控制水滴的体积, 要很小的水滴才可以。水滴很大的话, 就会形成大的冰晶, 甜点中就容易有冰粒。冰晶足够小, 甜点口感才会很细腻。

假设某种冷冻甜点的原料是一种亲水乳化剂, 你认为它能防止冰激凌中形成大块冰晶吗, 就像蛋黄防止蛋黄酱中形成油块一样? 跟随下面的实验步骤, 亲自做 1 个草莓冰激凌球, 你就知道了。

材料与器具

- 1 茶匙无味明胶
- 4½ 汤匙冷水
- 1 盒 (9—10 盎司) 冰草莓 (解冻)
- 1 杯砂糖
- 2 茶匙柠檬汁
- 1½ 汤匙开水
- 2 杯多脂奶油或鲜奶油 (解冻)
- 量杯和量勺若干
- 1 个小盘子或者小杯子
- 3 个小碗
- 1 个勺子
- 1 支笔和若干标签
- 1 个电动搅拌器或者打蛋器
- 1 把橡胶抹刀
- 2 个杯子 (1 品脱① 规格, 塑料冰激凌杯最佳)

---

① 英、美计量体积或容积的单位。用作液量单位时英制等于 0.5683 升, 美制等于 0.4732 升。

步骤

1. 将明胶放入杯中或盘中，再加入 1½ 茶匙冷水。

2. 明胶吸水吗？你怎么知道的？可能要等几分钟才能见分晓哟。

3. 将草莓放入 1 个碗中，加入砂糖和柠檬汁，混合均匀后，倒出一半到另一个碗里。

4. 明胶变软吸收掉冷水后，倒入开水并搅拌至明胶全部溶解。向 1 份草莓混合物中加入明胶混合物，充分搅拌。将另外 3 汤匙冷水倒入另一碗草莓混合物中搅拌作为对照。在碗上贴好标签，区分实验组和对照组。

5. 将草莓混合物放入冰箱，直到明胶开始变得黏稠。注意不要让混合物过于坚硬，只是开始凝结即可。冻 15 分钟左右就可以打开看看。明胶混合物冻好后，就可以从冰箱里拿出来了。

6. 用搅拌器或者打蛋器在第 3 个碗里打奶油。搅拌器移开时，奶油出现峰形，搅拌完成。将打好的奶油分别放入两份草莓混合物中。

7. 用橡胶抹刀自下而上轻轻混合草莓与奶油，重复搅拌，直到混合均匀。（这种手法就叫"折叠"原料。）

8 将两份草莓奶油混合物分别装入 1 品脱规格的杯子中，记得标注含明胶的那一份。将杯子放入冰箱冷冻大约 12 小时，冻好之后就可以开吃啦，尝一尝有什么不同。

观察 ◖◗◖◗◖◗

含明胶和不含明胶的甜品在质地上有什么区别吗？

两种甜品各取几勺，解冻，再冻入冰箱。哪一种里面含小颗粒物更多或质地更粗糙一些？你觉得明胶在甜品制作过程中起到了什么作用？

高汤
絮凝澄清
◖◗◖◗◖◗

浓肉汤罐头和肉冻都是厨房里备受欢迎的食物，但是对真正的大厨而言，比起那些罐装成品，他们往往对自己的"汤锅美食"更满意。他们可以用平时做饭剩下的"边角料"做一锅美味的浓肉汤。做浓肉汤需要一些时间——要在炉火上一直炖几个小时。浓肉汤因为含有大量悬浮的肉块和微粒而呈浑浊状。换句话说，浓肉汤其实是复杂的胶体和悬浊液的混合物，有很多不同种类的微粒在不连续相中，而肉煮清汤或者高汤则呈现清澈又有光泽的状态。肉煮清汤英文"bouillon"来自法语词"boil"，是"煮沸"的意思；高汤的外文词"consommé"，其词源本义是"最高的"。通过接下来的实验，你可以自制浓肉汤然后澄清——筛出肉块和微粒，剩下的就是高汤了。整个过程要持续两天才能完成。相信你会非常喜欢自制的肉汤，还有物美价廉的自制罐头和肉冻。实验中筛出肉块和微粒的方法也被广泛应用于化学工业中。

材料与器具

- 1磅[①] 瘦牛肉（切片）
- 大约 1 磅牛骨（询问超市生肉专柜的售货员）
- 水
- 2 个胡萝卜（削皮）
- 2 个洋葱（去皮）
- 2 棵芹菜（带叶）
- 2 茶匙盐
- 6 枝新鲜的欧芹
- 1/4 茶匙百里香干粉
- 2 棵韭葱（洗净）
- 1 个汤锅（4 夸脱规格）
- 1 个漏勺
- 1 个碗或者盆（2 夸脱规格）
- 1 把餐刀

步骤

1. 将牛肉和牛骨放入锅中，加入足量冷水，没过锅内 3/4 左右。将锅置于火上用小火或中火加热，一段时间后，汤表面会有泡沫产生。用漏勺一点点撇除，直到不再有泡沫为止。这个过程大约持续 5 分钟。有一点很重要，不要让汤剧烈沸腾，因为这样泡沫会浸入汤中，让汤变得更浑浊。

2. 向汤中加入剩余原料，继续炖，不要盖盖子，至少炖 4 小时。

---

① 英美制质量或重量单位。1 磅合 0.4536 千克。

炖好后，锅内液体大概减少了一半。

3 用漏勺将肉块等固体（这些东西非常好吃）捞出，然后将肉汤倒入碗或盆中，你会注意到液体脂肪浮到表面。把肉汤放入冰箱冷藏一夜。

4 第二天，脂肪会变成肉汤最上面那层白色的硬质层。用餐刀一点点将脂肪从碗或盆的边缘剥离，再将整个脂肪层一次性去除。用漏勺舀出剩余脂肪，你可以看到肉冻里面的絮状物。接下来你会像变魔术一样，用蛋清把这些絮状物都移走，这也就是澄清的过程。

材料与器具

- 2 个蛋清
- 1/2 冷肉汤（约 1 夸脱量）
- 2 个鸡蛋蛋壳（压碎）
- 1 个小碗

- 1 个球形搅拌器
- 1 个炖锅（2 夸脱规格）
- 1 个滤锅
- 几块奶酪布（大概准备 8 块，超市或网上有卖）

- 1 个大碗
- 1 个勺子
- 1 个长柄勺

步骤 ◀◀▶▶

1 在小碗中用搅拌器轻轻搅拌一下蛋清，然后将 1 夸脱肉汤倒入炖锅中，用搅拌器拌入蛋清。加入碎蛋壳，将炖锅置于火上，小火慢炖，不要搅拌，将汤炖至沸腾前状态。**注意不要使**

汤沸腾，否则蛋清会散，无法澄出清汤。 蛋清和蛋壳会浮到汤表面，形成一个由蛋壳碎片加固的"筏子"。蛋清会逐渐凝固（第 5 章"蛋白质"中会再次介绍这个现象），并且随着加热变得越来越硬。惊人的是，它就像磁铁一样，会吸引漂在肉汤里比较大的颗粒。这个将很多杂质一次性收集并分离出来的过程叫作絮凝。（可以在吃饭的时候问问周围人，看看有谁知道这个"高级"说法。）温火炖大约 15 分钟后，关火，冷却，静置 1 小时左右。

2 将 8 层拧干后的潮湿布条放在滤锅中，然后将滤锅置于大碗中。用勺子轻轻将"筏子"推到一侧，用长柄勺舀取肉汤倒入布条里，布条会滤出蛋清块和碎蛋壳。

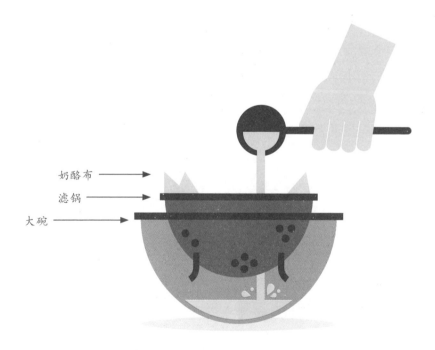

奶酪布 ———▶

滤锅 ———▶

大碗 ———▶

观察

　　将澄清后的肉汤和原来的肉汤比较一下。如果你中间犯了小错误，不小心煮沸了蛋清，那也没关系，将肉汤冷却一下，再用新鲜蛋清重复操作就可以了。另一半肉汤你可以根据喜好决定是否澄清，未澄清的味道更鲜美。

　　尝尝自己做的高汤。如果没有什么味道，可以加入一两块肉冻，还可以加入一些煮熟的面条、蔬菜或肉，做出各种你喜欢的汤。好好享用吧。

第4章

碳水化合物和脂肪

溶液、悬浊液和乳浊液都是混合物，可以被分离或净化成更简单的物质。科学家们面临的一个挑战是：什么才是世界上最简单的物质？事实证明地球上只有两种纯净物——化合物[①]和单质[②]。

任何物质都是由元素组成的。科学家已经发现了118种元素，它们来自地球大气和地壳，以及实验室。食物中（以及人体中）最常见的元素是碳、氢、氧和氮。除了这些，生物体中还会包含硫、磷、铁、镁、钠、钾以及氯等元素。

科学研究经过很长时间才发现这些元素，这是因为元素结合会形成化合物，而很难确定一种物质是元素还是化合物。化合物分解成元素要消耗巨大的能量。所以数百年来，人们都曾认为水是一种元素。之后，水被证实是由氢氧两种元素组成的化合物。这的确是一项重大

---

① 由两种或两种以上元素组合而成的物质。
② 由同一种元素的原子组成的均匀物质。

的科学突破。

元素结合形成化合物的方式，与物质混合形成混合物的方式非常不同。混合物中各个组成部分的性质不会因为混合到一起就发生改变。但是大部分化合物的性质和其组成元素的性质不同。（比如水和氢、氧两种元素的性质就不同。氢气是一种可燃性气体，氧气也是气体，可以支持燃烧和生物生存，但水在常温下是液体，而且既不能燃烧，也不支持燃烧。）各个元素按照一定比例结合才能形成化合物。任何量的氢气和氧气都能混合在一起，但是只有 2 体积氢气和 1 体积氧气混合才能组成水，多余气体都会在水形成后残留下来。

蔗糖和淀粉是很重要的食物化合物。它们都是由碳、氢、氧 3 种元素组成。当蔗糖和淀粉分解成元素时，每个碳原子周围会有两个氢原子和 1 个氧原子。两个氢原子和 1 个氧原子刚好是 1 个水分子的配比，因此蔗糖和淀粉等又被称为碳水化合物，意思就是"水化碳"物质。本章将会探索这类化合物的性质。

绿色植物通过一种叫作"光合作用"的过程产生单糖。空气中的二氧化碳和水结合形成一种由 6 个碳原子组成的分子——葡萄糖，形成葡萄糖分子需要太阳提供能量。食物的重要功能之一就是为生物提供生存能量，为各个生存功能提供"燃料"，而这种能量最直接的来源就是葡萄糖。绿色植物处于食物链的底层，因为它们可以自我供给能量，非绿色植物和所有动物都要依靠绿色植物生存。

糖浆
不会结晶的溶液

　　糖的一个性质是可溶于水。如果不可以，你也就做不出冰糖了。实际上，制作冰糖是将糖晶体从溶液中析出，而不是让晶体溶解。玉米糖浆、蔗糖、枫叶糖浆和蜂蜜都是糖溶液。跟随下面的实验步骤，看看你能否从这些溶液中提取出晶体吧。

　　各取少量的糖浆滴入浅盘中，不要盖盖子，静置几天。有时候不会出现任何晶体，你只会得到一层厚重、黏稠的残留物。科学家们提出的问题都可以通过实验验证。例如：为什么这些糖浆不会形成糖晶体？这个问题引出了以下的猜想：

　　可能这些糖溶液还没有达到过饱和的状态，不能结晶。是不是因为糖溶液中的水分在蒸发的同时，还会从空气中吸收水分，所以糖溶液不会结晶呢？

　　为了验证这个观点，首先要自制 1 杯过饱和糖溶液。（做法参考第 2 章，9—12 页。）将溶液平均分成两份，放在盘子中。将其中一份置于空气中，另一份盖上保鲜膜或者用大玻璃碗罩在上面。在给第 2 份盖盖子前，先在周围撒一些氯化钙。氯化钙会吸收空气中的水分，保持盘子上方空气干燥。你可以从商店或网上买到氯化钙，也可以打开 1 瓶维生素 C，里面的干燥剂袋子装的主要就是氯化钙。

　　此时你可能会想到另外一个问题。由几种不同溶质混合的溶液会比单一溶质的溶液结晶慢吗？

材料与器具

- 1½ 杯水
- 2 杯砂糖
- 7½ 茶匙玉米糖浆
- 1/2 茶匙塔塔酱[①]
- 1 个炖锅（带锅盖）
- 1 个木勺
- 1 个糖果温度计
- 3 个小铝箔盘
- 放大镜

步骤

1 将 1/2 杯水、2/3 杯砂糖、2½ 茶匙玉米糖浆和 1/4 茶匙塔塔酱混合放入炖锅中，用中火加热，同时搅拌至溶解。当混合物开始煮沸时，盖上锅盖，以便水蒸气将结晶在锅边的晶体稀释回溶液。

2 打开锅盖，放入糖果温度计。继续煮沸至 290 华氏度（约 143 摄氏度），这期间不要搅拌。之后，慢慢将糖浆倒入铝箔盘中。

3 再做两组，在原料和方法上与第 1 组加以区分。第 2 组，不加塔塔酱。第 3 组，加塔塔酱，但是糖溶解后就停止加热。

---

① tartar，一种调味品。

4 你已经做过很多溶液了，可以通过观察溶液状态得知是否形成了晶体——溶液变浑浊就说明有晶体形成。用放大镜近距离观察，你就会看到很多细小的、针状的结晶。

观察

哪组会形成晶体呢？有两组糖溶液会形成晶体，另外一组还是清澈的溶液。

糖分很多种。一些糖中，每个糖分子只有 3—6 个碳原子，这类糖叫作单糖。比如，甜菜中的葡萄糖（也称右旋糖）、水果中的果糖。食糖是蔗糖，蔗糖不是单糖，每个蔗糖分子是由 1 个果糖分子和 1 个葡萄糖分子缩合而成的双分子链。

加热蔗糖溶液到较高温度时，蔗糖分子会分解为葡萄糖分子和果糖分子。向溶液中加入酸，比如塔塔酱，会加速这种分解，结果就得到了一种由 3 种糖溶质（葡萄糖、果糖、蔗糖）混合而成的溶液。这样的混合物中不会形成晶体，因为晶体必须通过某一种分子的有序运动才能形成。当溶液中有几种不同的分子时，同类型的分子很难聚合到一起。

可以把你做的糖浆浇到冰激凌或者爆米花上，一定很好吃。

吸潮饼干

不知你有没有注意过，饼干放置在空气中一段时间后，就不那么松脆了。饼干生产商非常熟悉这种现象，所以他们会把饼干密封在包装盒里，远离空气中的水分。这样，饼干就不容易变软了。饼干成分中，糖主要起吸水的作用。这种性质叫作吸潮性，也就是"容易吸水"。

将不同糖进行对比，它们的吸潮性一样吗？接下来的实验会对比蔗糖饼干和蜂蜜饼干的吸潮性，你可以先尝尝蜂蜜和蔗糖，看看哪个更甜。

材料与器具

- 2 杯面粉
- 1 茶匙苏打粉
- 1/2 茶匙盐
- 1 根（1/2 杯）无盐黄油（软化）
- 1/2 杯蔗糖
- 1 个鸡蛋

- 2 汤匙水
- 1/2 汤匙柠檬汁
- 1/4 杯蜂蜜
- 量杯和量勺若干
- 1 个面粉筛
- 1 把叉子

- 4 个小碗
- 1 个电动搅拌器或者打蛋器
- 蜡纸
- 涂油饼干烤盘
- 1 个金属铲
- 钢丝冷却架

步骤

1 预热烤箱至 400 华氏度（约 204 摄氏度），然后在蜡纸上筛好面粉，将其置于宽敞的工作台上。再量出 1 杯筛好的面粉，加入 1/2 茶匙苏打粉和 1/4 茶匙盐后放入 1 个碗中。

2 再筛 1 杯面粉，加入剩下的 1/2 茶匙苏打粉和 1/4 茶匙盐，放

入第 2 个碗中。将干粉原料放在旁边。

3 将 1/2 根软化的黄油放在第 3 个碗中，用电动搅拌器或打蛋器搅拌至糊状。将糖加入黄油中，搅拌至混合均匀。

4 将鸡蛋打入量杯，用叉子搅拌。将一半鸡蛋倒入黄油和糖的混合物中，再倒入 1 碗准备好的干粉原料，同时倒入水和柠檬汁，搅拌均匀。

5 下面准备蜂蜜面糊：将剩下的 1/2 根软化黄油放入第 4 个碗中，搅拌至糊状，然后加入蜂蜜后搅拌，再加入另一半鸡蛋、另一碗干粉原料，不用加柠檬汁（蜂蜜中本来就有酸），搅拌至混合均匀。

6 将糊状物一勺一勺地舀入饼干烤盘中，做小饼干，饼干之间距离约 2 英寸[①]。烤大约 7 分钟，直至饼干边缘呈棕色。注意标记区分蜂蜜饼干和蔗糖饼干。

7 饼干烤好后在纸上冷却几分钟，然后用金属铲将饼干移到冷却架上。待饼干完全冷却后，放到密封盒里。

---

① 英制长度单位，1 英寸 =2.54 厘米。

观察 ◀◀◀●●●●

饼干冷却后，分别尝一下蔗糖饼干和蜂蜜饼干。其松脆度一样吗？颜色一样吗？哪一种棕色更深？分别拿一块放置在空气中，每隔几小时咬一口尝尝。哪种饼干更容易变软变潮？如果你想做一个保湿持久的蛋糕，你会用蔗糖还是蜂蜜做甜味剂呢？

淀粉

●◀●●●●

蔗糖分子是由两个单糖分子缩合成的双分子链，淀粉分子则由很多单糖分子缩合而成。植物生产淀粉是出于储存能量的需要，因为淀粉可以很轻易地转化成糖，并作为植物的结构部分，以纤维素的形式存在。如果你对淀粉是由糖构成的这一说法有任何质疑，你身体产生一种化学物质的"实验"就可以做证。当你消化含淀粉的食物时，你的身体会把淀粉水解为糖，为身体提供能量。当你不需要这些糖的时候，肝脏会把多余的糖以糖原的形式储存起来。淀粉还可以转化成脂肪，储存在身体的各个部位。

材料与器具

- 1 个苏打饼干、盐饼干或者其他不含酸酵粉的饼干
- 你的味蕾

步骤

苏打饼干是用面粉（含淀粉）、水、苏打粉等做成的。饼干里面不含糖。你可以核对一下包装上的配料表。充分咀嚼苏打饼干，先不要着急咽下去，在嘴里含 5 分钟。

观察

苏打饼干味道有什么变化吗？事实上，你的唾液中有一种特殊的化学物质打破了淀粉的分子链，糖分子被释放出来。你应该可以感受到这种变化。

比较一下淀粉和蔗糖的性质。二者味道有什么不同吗？试着将不同的淀粉放入水中。除了面粉外，常见的淀粉还有葛根粉、玉米粉、马铃薯粉。哪一种最容易溶解呢？总的来说，分子越小越易溶于水，蔗糖比淀粉更易溶于水。

就像蔗糖一样，淀粉也能溶于水。淀粉在水中被加热时会膨胀，这种性质叫作糊化，这使得淀粉可以用作酱汁或肉汁中的增稠剂。

很多食物中都含淀粉。有一个简单的化学实验可以检验淀粉：在食物上滴几滴碘溶液（碘酒，大部分药店都有卖），如果食物中含淀粉，碘会从红棕色变为蓝黑色。**注意：碘酒不能食用，碘有毒！**

木薯粉

木薯粉来自一种叫巴西甜木薯的植物。木薯粉滚成的小圆球叫作珍珠。木薯粉珍珠常被用作布丁食材。

向木薯粉珍珠上滴一滴碘酒，其会像淀粉一样遇到碘酒变色吗？用过之后的食材要扔掉。取 1/4 杯木薯粉珍珠和 3/4 杯水混合在一起，浸泡 12 小时。浸泡的木薯粉珍珠的体积和干珍珠相比发生了什么变化？这能否证明木薯粉遇水会膨胀？你可以用胀大的木薯粉珍珠做布丁。

木薯粉布丁食谱

材料与器具

- 1/4 杯木薯粉珍珠，浸入 3/4 杯水中
- 1/4 茶匙盐
- 2½ 杯牛奶
- 水
- 1/2 杯砂糖
- 2 个鸡蛋
- 1 勺香草精
- 1 个小碗
- 1 个双层蒸锅
- 1 个打蛋器
- 1 个木勺
- 保鲜膜
- 4 个甜点杯
- 量杯和量勺若干

步骤

1. 各取牛奶、盐、鸡蛋、砂糖和香草精少量，用碘酒分别检验一下，看看它们是否含淀粉。**任何检验过的样品都不要用来做布丁原料。**

2. 将水泡过的珍珠与盐和牛奶混合，然后将混合物放入双层蒸锅的上层。下层加入 3/4 的水，用中火加热。不要盖盖子，用沸水蒸木薯粉混合物，蒸大约 1 小时，不时用木勺搅拌一下。

3. 到时间后，在 1 个小碗里打碎鸡蛋，加入糖，搅拌均匀。向鸡蛋液中加入几茶匙木薯粉混合物，鸡蛋会慢慢升温，如果直接将鸡蛋加入木薯粉混合物中，鸡蛋就会被煮熟。

4. 将温热的鸡蛋液倒入锅内的木薯粉中，再蒸大约 3 分钟。

5. 端走蒸锅，取走上层，放在一边冷却 15 分钟，然后加入香草精。将布丁分成 4 份放到甜点杯中，盖上保鲜膜，冷却。

6. 测试一部分布丁（不是珍珠）中是否含有淀粉，然后从布丁中取 1 个珍珠，清洗掉异物，检测其是否含淀粉。木薯粉珍珠中的淀粉发生了什么变化？这部分淀粉又使牛奶发生了什么变化？**记住，不要吃任何沾了碘酒的东西！**

葡萄果冻
果胶的作用

果胶是一种复杂的高分子植物糖。青苹果和柑橘类水果的白色表皮中含有丰富的果胶。果胶和糖、酸混合在一起烹饪时，会胀大成透明、厚重的胶状物。

果胶广泛用于商业，市面有售的果胶含酸但不含糖。果胶中必须加入糖才能形成果冻吗？接下来的实验会告诉你答案。

材料与器具

- 1 杯浓缩葡萄汁（6 盎司规格，解冻）
- 2 杯水
- 1 包食用果胶（含酸）
- 3 杯糖
- 量杯和量勺若干
- 1 个大炖锅
- 1 个木勺
- 4 个（6 盎司规格）玻璃杯或果冻杯
- 1 把金属勺子
- 用于密封果冻杯的熔化的石蜡（如果你两周内就会吃掉果冻，可省略此项）

步骤

1 向锅中加入 3 盎司浓缩果汁、1 杯水、1/2 包（大约 2½ 茶匙）食用果胶。大火加热，不断搅拌至边缘有气泡产生。

2 立刻加入 1 杯糖搅拌，加热至混合物煮沸。这时停止搅拌，继续煮沸 1 分钟。

3 停止加热，将锅移开。用金属勺子撇除液体表面的泡沫，将混合物倒入两个玻璃杯中。如果你计划将果冻储藏起来，就把熔化的石蜡涂在杯口的最上层，封住杯口。未封口的果冻必须冷藏，封口的则不必。

4 在剩下的食用果胶里加入剩余的浓缩果汁、水，做成另一份果冻。这次混合物里加入两杯糖。

观察

哪份果冻形态更坚固？较软的果冻用来做香草冰激凌的辅料，味道更好哟！

脂肪和油

有机体中的大部分化合物仅由 98 种自然存在的元素中的少数构成。碳、氢、氧是常见的 3 种元素，存在于很多化合物中。这些化合物的区别在于，存在于其中的每种元素的含量不同，以及每个分子中原子的组合方式不同。

就像碳水化合物一样，脂肪和油也主要由碳、氢、氧3种元素构成。动植物机体可以通过产生脂肪和油储存食物。蔗糖和淀粉内原子重新组合即可形成脂肪和油分子，当食物不足时，脂肪和油可以对有机体起到保护作用。机体需要脂肪、淀粉和蔗糖来补充能量。

你可以用牛皮纸袋检验某种食物是否含有脂肪或油。将食物在纸上蹭一蹭，如果食物中含有油性物质，纸袋上会留下一个半透明的区域（光线可以穿过）。如果食物中含水，牛皮纸上也会留下一个半透明的区域，但是水干后该区域就消失了，而如果该区域是油性物质形成的，就不会消失。

动物油脂在室温下是固态，比如黄油或者猪油，而植物油脂是液态。植物油通过高压加入氢气可形成固态的氢化植物油。脂肪酸和甘油共同构成脂肪，脂肪酸又分为饱和脂肪酸和不饱和脂肪酸。饱和脂肪酸和不饱和脂肪酸的区别在于脂肪中氢元素的量，饱和脂肪酸比不饱和脂肪酸含有更多的氢元素。饱和脂肪酸通常是固态的，而不饱和脂肪酸通常是液态的。从植物油中提炼出来的人造奶油[1]，其成分就包括一些饱和脂肪酸。人们在液态油中加入了氢元素使其变成了固态。

这两种脂肪酸对人体的影响有何不同？这个问题数年来一直是科学家研究的重点。随着年龄增长，一些人的动脉内会形成一种黄色脂类物质，叫作胆固醇。胆固醇会占据血管内的空间，造成动脉硬化。动脉硬化会导致血管硬化、堵塞或破裂，也可能彻底阻断动脉血液流

---

[1] 奶油的仿制品，胆固醇含量比奶油低，但反式脂肪酸含量较高。

通，切断身体某一部位的供血。如果这种情况影响的是心脏或者大脑供血，就可能致死。饮食中的饱和脂肪酸会增加人体内的胆固醇含量，而不饱和脂肪酸会降低人体的血脂水平。因此医生建议中老年人少吃黄油、奶酪和肥肉。

坚果黄油
挤出来的油

坚果中含油，并且油可在稳定的火焰中燃烧。你可以自己烧1个巴西坚果试试。

将开罐器的尖端插在巴西果上，然后将开罐器平放在金属平底锅里，这样巴西坚果就被开罐器"举"起来了。请家长或者其他成年人帮忙点燃1支火柴或者打开打火机，点燃坚果末端直到其燃烧稳定。你也可以在巴西坚果的火焰里烤棉花糖。

很多植物油都是通过挤压橄榄、菜籽或者坚果提炼出来的。在接下来的实验中，你会从坚果中提取出油，但是由于缺少分离二者的

材料与器具

- 1/2 杯至 1 杯带壳杏仁（或核桃）
- 1 个坚果粉碎机或者食品加工器
- 1 根擀面杖
- 1 个有盖子的瓶子
- 1 个抹刀
- 2 个塑料袋

所需器材，你可以保留油和坚果的混合物——混合物的味道其实非常棒呢。

步骤

核桃去壳后就可以用了，但是杏仁一定要剥离表皮露出白色部分。将去壳后的杏仁放入开水中煮几分钟，沥干冷却。手拿杏仁较宽的一段，轻轻挤压，表皮会自动胀开并脱落。你也可以直接买去皮杏仁，价格比带皮的稍微贵一些。

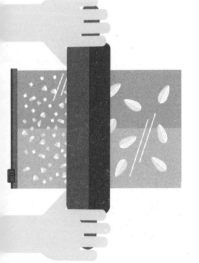

1 将几种坚果放入坚果粉碎机或者食品加工器中研磨成小块。如果这两样工具你都没有，也可以将坚果套在双层塑料袋里，用擀面杖敲打成小块，越小越好。

2 坚果碎成块后，将其倒入 1 个新的塑料袋里，用擀面杖大力碾轧。（工业中常用液压机从橄榄或者花生中提取油。）当有油榨出后，坚果的小颗粒开始互相粘连。坚果果肉质量越高，榨出的黄油越好。

3 当黄油成形可以食用时，用抹刀将其刮入瓶子。坚果黄油很容易变质，因此要加盖放入冰箱保存。

4 面包切片和小薄饼涂抹坚果黄油后都会变得很好吃。尝试一下坚果黄油和果冻三明治，换一换口味。（果冻的做法参考 60—61 页。）

黄油
凝聚悬浊液中的脂肪滴

牛奶被称为营养最丰富的食物，其中含有水、碳水化合物、维生素、矿物质、蛋白质，还有脂肪，等等。从牛奶中提取出脂肪，就可以制成黄油。奶油比全脂牛奶含有更多乳脂，跟随下面的实验步骤，你就可以从奶油中提取出黄油。

材料与器具

- 1/2 品脱鲜奶油
- 1 个带盖子的小瓶子（1 品脱规格）
- 1 个干净的弹珠
- 朋友（可有可无，但是实验过程中需要有人晃瓶子）

步骤

1 将奶油和弹珠一起放入瓶子，拧紧瓶盖，确保没有缝隙。

2 沿着数字 8 的轨迹晃动瓶子。注意！这个过程非常消耗体力。要用力晃 10 分钟，刚开始你还能听到弹珠在里面滚动，一段时间之后，奶油会变得十分黏稠，你基本感觉不到弹珠在动。然后，黄油就奇迹般地形成了。

3 从黄油中分离出脱脂乳。（可以喝，很健康。）向瓶中加入凉水，清理残留的脱脂乳。冲洗出弹珠后，将黄油压紧，冷藏储存，黄油可以存放 2—3 天。

观察

这个制作黄油的过程，利用的就是脂肪的特定性质。牛奶刚被挤出时，乳脂以液滴的形式悬浮于液体中。新鲜的全脂牛奶静置时，脂肪滴会带少量液体浮到表面，这就是奶油。奶油比牛奶的含水部分密度小，所以会浮在上面。

奶油是水包油型的乳浊液，脂肪滴悬浮在含水部分中，提取黄油的过程就是形成油包水型的乳浊液，即液滴悬浮在脂肪中。

从奶油中提取黄油的过程中，摇晃瓶子会使脂肪滴被迫聚集在一起，形成越来越大的脂肪球，直到它们从混合物中的含水部分分离出来。这个过程叫作凝聚。乳脂会凝聚是因为脂肪球之间彼此吸引，而脂肪球不亲水，只是在水中悬浮。你放在瓶子里的弹珠会随着瓶身晃动搅拌混合物，这增加了脂肪滴之间凝聚的机会。

各类奶油中的乳脂含量有所差异，淡奶油比多脂奶油中的乳脂含量少。想要做好打稀奶油，脂肪的含量是关键。尝试分别用淡奶油和多脂奶油做打稀奶油，看哪一个更容易成形，哪个状态保持更久。如果你搅拌的时间过长，猜猜会发生什么？

你会做出黄油！

冰激凌品鉴测试

你可能觉得自己很会挑冰激凌，但是你真的能通过品尝判定哪种冰激凌更好吗？昂贵的优质冰激凌和价格低廉的冰激凌之间的区别是否可以量化出来呢？怎样不受主观影响做出比较呢？接下来的实验将会消除那些影响主观感受的因素。你需要组织一些人来品尝不同的冰激凌，并对它们进行评估。人越多越好，不过即便只有五六个人，也可以给出一个客观、公正的结果。

材料与器具

每个接受测试的人都要准备下面的物品：

- 1 个勺子
- 1 杯水
- 本书提供的冰激凌品鉴数据记录表（参考 69—70 页）
- 4 个不同颜色的塑料碗

- 纸和笔
- 1 张纸巾

4 种不同的香草味冰激凌：

- 1 个普通价位、贴有"优质"标签的冰激凌
- 1 杯冰镇牛奶或者香草味冻酸奶
- 1 个优质品牌的冰激凌（包装上标明"优质"，通常来说价位偏高，罐装）
- 1 个非常便宜的冰激凌

步骤

如果你是实验的组织者，你本人是不能参加测试的。实验的设置如下：

1 在每个碗中放入 1 种冰激凌，记录下冰激凌的颜色、种类。不要拆掉冰激凌的杯托和罐子。

2 不要让参与者看到外包装，他们只能看到碗里的冰激凌。包装和品牌会影响试吃者的主观判断。这些在他们面前只是 4 份香草味的冰激凌而已。

3 参与者之间的对话、品鉴冰激凌的顺序，以及最后一个冰激凌留下的味道，都会影响他们对冰激凌的判断。作为组织者，你一定要提醒并且监督各位参与者，不要互相交谈或者用眼神交流。他们在品尝不同的冰激凌之前可以喝一小口水，然后按不同顺序尝每种冰激凌 3—4 次，再下结论。

冰激凌品鉴数据记录表
在下表横线处填写"是"或者"否"

碗编号 味道	#1	#2	#3	#4
香草味太浓	_____	_____	_____	_____
香草味太淡	_____	_____	_____	_____
太甜	_____	_____	_____	_____
不够甜	_____	_____	_____	_____
太酸	_____	_____	_____	_____
太咸	_____	_____	_____	_____
加工过度	_____	_____	_____	_____
有余味	_____	_____	_____	_____

状态和质地

粗糙 / 冰多	_____	_____	_____	_____
偏脆	_____	_____	_____	_____
松软	_____	_____	_____	_____
黏性大	_____	_____	_____	_____
颗粒多	_____	_____	_____	_____

表面状态

颜色	太黄	_____	_____	_____	_____
	太白	_____	_____	_____	_____
融化	多泡易融	_____	_____	_____	_____
口感	细腻	_____	_____	_____	_____
	光滑	_____	_____	_____	_____
	耐嚼	_____	_____	_____	_____

"否"字的总数量

_____	_____	_____	_____

4 以下是专业的冰激凌品鉴师会重点比较的一些方面，可以和小伙伴们分享一下。

颜色——颜色应该和味道是相匹配的。香草的颜色不太黄也不太浅。

融化——好的冰激凌在室温下融化得非常快，并且融化后是没有泡沫的光滑液体。

状态和质地——好的冰激凌形状持久，但是周围很容易融成滴。口感细腻、顺滑、耐嚼。质量越好的冰激凌里乳脂含量越高，越可以在较高温度下保持形状不变。它们不会太冰，而价格低廉的冰激凌都能冷得人头疼。

味道——香草冰激凌会有一种宜人的甜香，你可以尝到香草的味道。冰激凌不应该有过度加工的味道，吃起来像煮过的牛奶就有些奇怪了。

5 品尝者们比较完 4 种不同的冰激凌后，在数据记录表中填写"是"或者"否"。他们都填好之后，你需要汇总出每种冰激凌"否"字的总数，每组中得"否"字最多的冰激凌是最好的。

观察 ◀◀◀◀

哪种冰激凌胜出了呢？人们普遍喜欢价格最贵的那个冰激凌吗？

看一下冰激凌硬纸盒上的配料表，你会发现所有的冰激凌都含有乳脂（奶油中的）、牛奶、糖、调味剂，还有被高压压入的气体。与价格低廉的冰激凌相比，优质冰激凌中脂肪含量更多，气体含量更少，脂肪含量高可以保证冰激凌在较高温度下形状保持得更持久（黄油在常温下能保持固态）。优质冰激凌融化后没有泡沫。廉价的冰激凌脂肪含量少，气体含量多，冰晶体积更大，而且更冰。加入乳化剂和稳定剂会使冰晶体积减小，但是冰激凌质地会变得黏稠，余味奇怪。你可以从温度、质地和口感中品尝出冰激凌的配料。总的来说，与廉价的冰激凌相比，优质的冰激凌配料成分更简单。

食品加工商经常会采取这种方法请很多人"试吃"。如果很多人都判定某种冰激凌将会非常受欢迎，那绝非偶然。廉价的冰激凌中的添加剂可以保证冰激凌冷冻售卖的时间更长，成本也较低。

多加练习，你也可以成为冰激凌品鉴冠军。

笔记

第 5 章

蛋白质

　　早在 18 世纪，科学家们就对某一种物质很感兴趣。这种物质普遍存在于所有生物中，和其他物质性质都不相同。加热某一种流体，比如血液或者蛋清，它们并不会像水或者油一样沸腾。相反，这种流体会变成固体。而且，更奇怪的是，变成固体之后，它再也无法回到液体状态了。没有任何办法能将固态血液或者蛋清变回原始的液态。没过多久，科学家们就意识到，这种奇怪的物质（加热之后就不能恢复原状），恰恰就是生命活动的基础。因此，科学家们将其命名为蛋白质。蛋白质的英文"protein"，来自希腊语"proteios"，意思是"最重要的"。

　　蛋白质已被证实是所有生物体内最复杂、最多样化的化合物。一些蛋白质溶于水，比如蛋清中的蛋白质；一些蛋白质是纤维，比如头发中的蛋白质；还有一些蛋白质关系到动物机体运动，比如肌肉蛋白。但是所有蛋白质都有一些共同特点，除了碳、氢、氧 3 种元素外，都含有氮元素。这些元素的原子，以及偶尔出现的 1 个硫原子，形成一种叫作"氨基酸"的小分子。蛋白质就是由很多个氨基酸链构成的。

　　大部分的蛋白质其实都是由 20 种不同的氨基酸构成的。这些不同的氨基酸就像蛋白质的字母表一样，你能想到的任何英文单词，都是由 26 个字母中的几个组成的，同样地，这么多不同种类的蛋白质，也只是由 20 种氨基酸中的几个构成的。1 个蛋白质分子可以看成是一个化学句子或者段落，每个机体的所有蛋白质构成了这个机体特有的语言系统。

　　当人或者其他动物消化食物的时候，吃下的蛋白质会被分解成氨基酸。这些来自食物中的氨基酸可以重组形成新的蛋白质，比如机体所需的某种特定类型的蛋白质。蔗糖、淀粉和脂肪是机体补充能量所必需的，而蛋白质是用来构建一切能使机体生长或修复组织的新分子所必需的。1 个成年人身体内的大部分细胞年龄都不足 10 年。你需要摄入蛋白质才能不断进行新陈代谢。

　　对科学家来说，蛋白质是所有研究中最有挑战的物质之一。你可以模仿科学家的观察方法，了解不同蛋白质的化学反应，以及某些蛋白质的某些性质在准备食物的过程中的重要作用。

蛋白酥
蛋清的性质

要了解蛋白质，我们可以先从蛋清开始。蛋清大约由 87% 的水分、9% 的蛋白质以及微量的矿物质组成。蛋清中的蛋白质可以改变食物的质地和黏稠度。

材料与器具

- 3 个鸡蛋
- 水
- 1 把餐刀
- 1 个深碗
- 1 个塑料冰格托盘
- 塑料保鲜膜
- 2 个小的透明玻璃杯
- 1 个手电筒
- 1 个勺子
- 1 个电动搅拌器或打蛋器
- 1 个放大镜

步骤

1 将鸡蛋置于室温下。蛋清中的蛋白质约在 79 华氏度（约 26 摄氏度）最适合烹饪。（你可以尝试在不同的温度下用蛋清做蛋白酥。）

2 将蛋清与蛋黄分离（具体步骤可以参考 216—217 页），然后将蛋清放入深碗中。把蛋黄储存好,你将在之后的实验中用到它。每个小冰格内放 1 个蛋黄,蛋黄与蛋黄之间留有空冰格。将用塑料膜盖好冰格托盘放入冰箱冷藏。

3 将足量蛋清倒入玻璃杯,在距杯底 2 英寸的地方停止。用手电筒打出 1 束光穿过玻璃杯,接着从玻璃杯侧面观察。当光束通过时你能看到它吗?这就是一个丁达尔效应的示例。(如果你不记得什么是丁达尔效应,可以看第 3 章回顾一下。)通过这个实验,你是否对蛋清中颗粒的大小有了一些概念?科学家已经证明,蛋白质分子都是单分子,它们是现存的最大的分子之一。

4 将蛋清倒回深碗中,接着向玻璃杯中倒入一些水。取大约 1 茶匙蛋清,搅拌入水中。蛋清溶于水吗?

5 用电动搅拌器或打蛋器在碗中搅拌蛋清,直到流动的蛋清中有气泡产生。取大约 1/2 茶匙泡沫,放入另一杯清水中。泡沫可以溶于水吗?悬浮在水中的小颗粒是什么形状的?用放大镜看一看。

观察

你刚刚的这些操作展示了蛋白质的一个重要性质——蛋白质分子的形状对其表现的特征有很大影响。蛋清中的蛋白质分子就像

毛线球一样，它们圆形的、紧实的形状保证其可以溶于水，而当你用搅拌器搅拌蛋清时，那就相当于正在拆解毛线球，拆出的"毛线"（长链）又细又长，很难溶解于水。这个改变蛋白质自然形态的过程就叫作变性，变性后的蛋清不可能恢复到其初始形态。

　　搅拌是使蛋白质变性的一种方式。在用鸡蛋制作蛋白酥的过程中，你还会了解到蛋白质的其他性质，以及使蛋白质变性的其他方法。

材料与器具

- 油
- 1/2 茶匙塔塔酱
- 1/2 茶匙盐
- 1/2 茶匙香草精
- 牛皮纸（可以用牛皮纸袋裁剪）
- 量杯和量勺若干
- 1 杯细砂糖

- 3 个鸡蛋蛋清（之前实验已将其搅拌出泡沫）
- 1 个饼干烤盘
- 1 个电动搅拌器或者打蛋器
- 1 个密封容器
- 1 个橡胶抹刀

步骤 ◀◀●●●

1 将烤箱预热至 175 华氏度（约 79 摄氏度），再将牛皮纸垫在饼干烤盘上面，表面涂少许油。

2 向起泡沫的蛋清中加入塔塔酱、盐和香草精。塔塔酱是一种酸，可以使混合物中的泡沫留存更久。（你可以设置 1 个对照组来证明这个观点：将两个鸡蛋的蛋清分别放在两个碗中，向其中一份加入 1/3 茶匙塔塔酱，然后搅拌两份蛋清，看哪份的泡沫更持久。）

3 用电动搅拌器或打蛋器搅拌蛋清，直到泡沫可以拉起直立尖峰。搅拌过程中，蛋白质分子会像毛线球那样一点点被"拆开"，泡沫的形态也会越来越稳定。

4 向蛋清混合物中均匀撒入 1 汤匙糖，边撒边搅拌，不时用橡胶抹刀刮一下碗边。

5 蛋清中的水分会伴随"毛线"分布，当你将糖加入蛋清混合物中时，糖会溶于水。正因如此，实验采用易溶于水的细砂糖，而且搅拌过程要慢，以保证糖可以充分溶解于溶液中。如果有糖没有溶解，小的糖浆液滴会浮在成品表面。专业的大厨都会将"哭泣"的蛋白酥视为败笔。

6 加入所有糖之后，你可以尝一口蛋白酥，入口不应该明显感觉到颗粒。如有颗粒感，加入 1 勺水后继续溶解糖分。

7 在涂了油的牛皮纸上面堆 4 个蛋白酥糕体，用勺子挤压中间，使其凹陷成碗状。

8 做蛋白酥的最后一步就是烘干水分，具体操作就是将其放入烤箱，烤较长一段时间。

9 将蛋白酥放入烤箱烤 1 小时后关掉烤箱，但是不要取出烤盘，让其在烤箱中冷却一夜。

10 如果你成功了，你做出来的蛋白酥将是形状坚挺，颜色雪白的，而且可以在密封容器中存放数周。（糖会在空气中吸收水分，所以蛋白酥要放在密封的容器中，否则蛋白酥会吸潮变软、裂开。）

11 在蛋白酥上面加一点水果或者冰激凌，再在最上面挤一些打稀奶油或者巧克力酱，想想就很好吃呢！

如何保存蛋黄？

蛋黄里含有足以让 1 只小鸡孵化出来的丰富的营养物质，因此它们也可以为无数细菌提供养分。所以，蛋黄也是所有剩菜中最容易变质的。保存食物的方法之一就是冷冻。在冷冻食品中，水分以固态形式存在，微生物无法获得，因此冷冻可以保鲜食品。但是冷冻也会导致蛋黄不可用，除非你有足够的创造力。跟着下面的实验做一做，看有什么好的解决办法吧。

材料与器具

- 3 个蛋黄
- 1/8 茶匙盐
- 1/8 茶匙砂糖
- 1 个塑料冰格托盘
- 量勺若干
- 1 个勺子
- 纸
- 1 支铅笔
- 塑料薄膜
- 1 把餐刀

步骤

1. 将之前实验剩余的 3 个蛋黄从冰箱中取出，向其中一份蛋黄中加入盐，用勺子将其搅拌均匀。将勺子冲洗干净，接着向另一份蛋黄中加入糖，用勺子将其搅拌均匀。将勺子冲洗干净，再搅拌第 3 份蛋黄，但不要在其中加入任何东西。

2. 在纸上画出托盘格子，标记各个蛋黄的位置。在冰格托盘上覆一层保鲜膜，放入冰箱冷冻一夜。

3. 第 2 天，取出蛋黄，将其置于室温中解冻。用餐刀按顺序插入每份蛋黄中（每次插入前将餐刀清洗干净），感受一下。蛋黄还是流体吗？还是已经冻成半固体了？如果是流体，可以用来做蛋糕。如果已经冻成了半固体，你可以直接食用，但可能不太好吃。①

观察

蛋黄中大约有一半是水，固体形态的主要是脂肪和一些蛋白质。

---

① 如果直接食用，请购买无菌蛋。

有一些蛋白质会溶于蛋黄中的水，但是大部分蛋白质和所有脂肪都是以小颗粒的形式悬浮在液体中，形成一种黏稠的乳浊液。当你煮熟一个鸡蛋时，由于蛋白质变性，蛋黄会呈现粒状、疏松、粗糙的状态。

蛋黄冷冻后，水溶液中的蛋白质会发生变性，吸收水分。吸收水分的蛋白质解冻后会形成一种固体混合物。如果你向蛋黄中加入糖或者盐，水分就会从蛋白质中析出，蛋黄解冻后也不会与变性的蛋白质混合在一起，所以蛋黄还是流体。

纸杯蛋糕速成食谱

材料与器具

- 1/2 根（1/4 杯）黄油（化开）
- 1/2 杯砂糖
- 2 个蛋黄
- 1 杯蛋糕粉（未发酵）

- 1/3 杯牛奶
- 1⅓ 茶匙发酵粉
- 1/4 茶匙盐
- 3/4 茶匙香草精
- 量杯与量勺若干

- 2 个中型碗
- 1 个筛子
- 1 个蛋糕盘 / 烤盘
- 蛋糕模具
- 1 个电动搅拌器或叉子

步骤

1. 将烤箱预热至 350 华氏度（约 177 摄氏度），然后将软化的黄油和砂糖倒入碗中，加入蛋黄搅拌。

2. 将蛋糕粉、发酵粉和盐混合筛匀，放入另一个碗中。

3. 将牛奶和香草精倒入量杯中。将 1/3 的干性粉末原料倒入黄油和砂糖的混合物中，加入一半牛奶混合物搅拌。之后，再在其中加入 1/3 的干性粉末原料，倒入剩余牛奶混合物搅拌。最后在混合物中加入剩余的干性粉末原料。每次加入干性粉末原料或牛奶混合物后都要将糊状物搅拌均匀。

4. 在烤盘上的 4 个格子中放入蛋糕衬垫，并分别向其中倒入糊状物，烤 25—30 分钟。

蛋奶糊
凝固蛋白质

通过加热把液态蛋白质变为固态的过程叫作凝固。凝固也是蛋白质变性的一种方法。在第 3 章中，你曾用凝固蛋白质的方法澄清肉汤（参考 43—47 页）。蛋清大约在 156 华氏度（约 69 摄氏度）会凝固，从几乎无色透明、非常黏稠的液体变为白色固体。蛋黄中的蛋白质在加热条件下同样也会变性。

蛋白质凝固是烹饪时导致食材质地变化的主要因素之一。瘦肉和鱼类质感会更硬，含蛋白质的面糊也会变为固态。事实上，大部分烤出来的食物都会有一个"骨架"，它是由牛奶蛋白或者鸡蛋的蛋白质凝固形成的。

　　蛋奶糊就是一种利用凝固的原理，将鸡蛋、牛奶和砂糖均匀混合加工后的产物。这些混合物被加热，其中鸡蛋和牛奶中的蛋白质会凝固，从而使混合物形成蛋奶糊。接下来的实验展示了不同热量对蛋白质凝固程度的影响。

材料与器具

- 1/2 杯砂糖
- 1/8 茶匙盐
- 1 茶匙香草精
- 2 杯牛奶
- 3 个鸡蛋
- 量杯和量勺
- 1 个碗
- 1 个电动搅拌器或者打蛋器
- 4 个蛋奶糊杯或者其他耐热杯
- 1 个可以容纳蛋奶糊杯或者耐热杯的烤盘
- 水

步骤

1 将烤箱预热至 325 华氏度（约 163 摄氏度）。将砂糖、盐和香草精倒入牛奶中搅拌，然后加入鸡蛋，搅拌均匀。

2 将混合物均匀倒入蛋奶糊杯中，然后将蛋

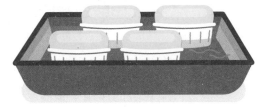

奶糊杯放在烤盘上,向烤盘中加水至约 1 英寸深。(这是为了保证杯底与其他部位受热均匀。)最后将烤盘放入烤箱。

③ 30 分钟后,取出 1 个蛋奶糊杯。40 分钟后,再取出 1 个。50 分钟和 1 小时后,再分别取出剩下的两个。

观察 ◖◖●◗◗

哪杯蛋奶糊做得刚刚好?哪杯蛋奶糊已经裂开并且液体最多?

鸡蛋凝固的时候,蛋白质会吸收并容纳其他液体,比如牛奶和蛋清中的水分。但是如果烹饪时间过长或者温度过高,鸡蛋糕体就会变得越来越坚硬,不能再容纳水分。比如煎鸡蛋的时候,不能火太大也不能太心急,否则就会很干。

做好的蛋奶糊应该是表面光滑,有光泽,金黄色布丁状,质地轻软,用勺子吃起来很方便,并且蛋奶糊杯里没有剩余的水。这样的蛋奶糊是很好吃的,你可以将其放在冰箱里冷藏保存;而烹饪过火的蛋奶糊应该在食用前沥干水分。最后,你可以在它们上面加一些水果。

酸奶饼干
由酸引起的蛋白质变性
◖◖●◗◗

一些蛋白质在酸的作用下很容易变性,比如牛奶。如果牛奶中出现了固体颗粒，就说明其中的蛋白质变性了。酸奶中的蛋白质让奶质更黏稠，且最终会和牛奶中的水分分离。某些细菌使牛奶变酸，它们的酸性排泄物会使牛奶中的蛋白质变性。现在，让我们自制一款酸奶吧。

准备 1/2 杯牛奶，将其置于室温下。将 2 茶匙醋（弱酸）倒入另一个杯子里，再将牛奶倒入醋中，混合、搅拌，让混合物静置大约 10 分钟。你怎么确定蛋白质已经变性了呢？搅拌一下牛奶，你能让已经变性的蛋白质溶解吗？

你可以用酸奶做饼干，只需要用酸奶替换全脂牛奶，然后按照步骤操作就可以了。

材料与器具

- 1 杯面粉
- 1 茶匙发酵粉
- 1/8 茶匙苏打粉
- 1/2 杯盐
- 2 汤匙固态黄油
- 1/2 杯酸奶
- 1 个中型碗
- 1 个饼干烤盘
- 1 个搅拌器或者 2 把餐刀
- 1 个叉子
- 1 个勺子

步骤

1. 预热烤箱至 450 华氏度（约 232 摄氏度）。将面粉、苏打粉、发酵粉和盐混合加入中型碗里。

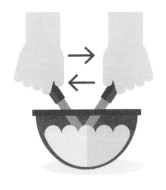

2 用搅拌器或者 2 把餐刀混入黄油（参考 214 页），直到混合物看起来像豌豆粒大小。

3 加入酸奶，然后用叉子搅拌，直至所有混合物混合均匀。

4 将几勺混合物放入未涂油的烤盘中，烤 12—15 分钟，直到混合物呈金黄色。

明胶
从溶胶到凝胶的转化

如果所有蛋白质都像鸡蛋和牛奶中的蛋白质那样极易变性，那地球上就不可能有生命存在了。人体和其他哺乳动物体内大约有 25% 的蛋白质是非常稳定的，它们本身就以固态存在，而且不会溶于水。这类蛋白质叫作胶原蛋白。骨骼末端的白色软骨组织就是胶原蛋白，将肌肉和骨骼连接在一起的肌腱和将骨骼与骨骼连接起来的韧带中也会有胶原蛋白。胶原蛋白是骨骼中最主要的蛋白质。正是因为有了胶原蛋白，我们的身体才能很好地"组装"起来。

你可能也想到了，我们吃的肉里面也含有胶原蛋白。相对于质地软嫩的肉，质地坚硬的肉中胶原蛋白的含量更高。而对厨师来说，将质地坚硬的肉变得软嫩，是烹饪的关键。

幸运的是，这个问题很好解决。当胶原蛋白加水被加热一段时间后，它会分解成更小、更柔软的可溶性蛋白质，叫作明胶。在胶原蛋白和水的混合物中加入酸性物质，比如柠檬汁、醋或者西红柿，会加速胶原蛋白变成明胶的过程。（一些厨师在炖汤之前会用醋浸泡或腌制肉骨。）西红柿炖肉汤中的肉往往比纯肉汤中的肉更软嫩。你能设计实验证明一下吗？

如果你想制作更纯净的明胶，就向超市卖肉的销售员买两三块小牛骨。小牛骨中有大量软骨组织。（随着动物年龄的增长，软骨组织会逐渐变成骨头。）在水中加入小牛骨，煮 1 小时，然后将肉汤中的骨头滤出并让肉汤冷却。你也可以在其中加入一些西红柿汁，口感会更好。最后将肉汤冷藏起来，看看它会有什么变化。

明胶与胶原蛋白的一个区别就是，前者溶于热水，而后者完全不溶于水。跟着下面的实验，探究一下明胶还有哪些性质吧。

材料与器具

- 1/2 杯冷水
- 1 包无味明胶
- 1½ 杯开水
- 1 包含糖浓缩果汁
- 1 个手电筒

- 1 个量杯
- 1 个小碗
- 1 个木勺
- 1 个透明玻璃杯
- 1 个小锅

- 1 个两杯容量的模具或者容器
- 1 个透明玻璃杯

步骤

1. 将冷水倒入碗中，均匀撒入明胶。明胶吸水吗？你怎么知道的？

2. 当明胶变软后，在碗中加入开水并搅拌。明胶会溶解吗？这时明胶和水的混合物叫作溶胶。

3. 将溶胶倒入透明玻璃杯中，用手电筒从侧面打 1 束光。可以看到丁达尔效应吗？（参考 33—35 页。）通过这一步，你能发现溶胶分子的某些属性吗？

4. 将溶胶冷却之后冷藏起来，不要封口。明胶一个显著的特点就是冷却后会从液态变为半固态，这种半固态的物质叫作凝胶。用手电筒从侧面打 1 束光，你能看到丁达尔效应吗？凝胶中有水分吗？

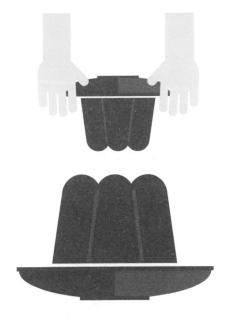

5. 将凝胶放入锅中，用中火加热，凝胶会变回溶胶吗？向锅中加入半包浓缩果汁，用木勺搅拌至完全溶解。将加入果汁的混合物倒入模具冷却，然后冷藏至定型。

6. 你也可以将定型的明胶从凝胶状态变回溶胶。在水池中加入热水，准备 1 个足以盖住模具口的盘子。将模具放入水中约 10

秒，注意不要让水沾到明胶上。接着将模具从水中取出，倒扣在盘中，用力拍打一下。你会听到明胶抖落下来，掉入盘中的声音。如果明胶没有滑出，就再将模具放入热水中，重复以上步骤。不要太热，否则可能会破坏这道甜品的形状。

7 明胶甜品在去掉模具之后还可以保持形状。做好之后如果不想立即吃掉，也可以将它放在冰箱里冷藏一段时间。

观察

溶胶转化为凝胶的过程一直让科学家为之惊奇。他们好奇水分去哪里了。经过一系列的研究，科学家最终证实，水分在明胶冷却的过程中被明胶分子聚合在一起了。科学研究还表明，随着含明胶的组织老化，明胶的锁水能力也逐渐下降。

你自己也可以证实这一点。将做好的明胶甜点切成 1 英寸的小块，再将这些小块置于冰箱中冷藏。每天早晚各取一小块，尝一尝，是不是每次尝都会感觉这些明胶变得越来越硬？

人类的皮肤中含有大量胶原蛋白，随着年龄增长，胶原蛋白的锁水能力会下降。很多面霜和乳液都号称可以为皮肤补充胶原蛋白，但胶原蛋白是不可溶的蛋白质，所以我很好奇他们是如何做到的。要小心那些乱用科学术语的广告哟！

松饼
小麦粉中的面筋蛋白研究

变性的蛋白质是各种烤制产品的"骨架"。在蛋糕和松饼以及很多其他美味的烤制甜品中，这种"骨架"来自凝固的牛奶和鸡蛋中的蛋白质。在面包中，这种"骨架"来自一种叫作面筋蛋白的小麦粉中的蛋白质。

面粉中本身不含有面筋蛋白，只是面粉中的两种物质在特定条件下会形成面筋蛋白。接下来的实验将会向你展示面筋蛋白是如何形成的，以及不同量的面筋蛋白会对松饼的质地产生何种影响。

材料与器具

- 1 杯通用面粉
- 2 茶匙砂糖
- 1 勺盐
- 松饼纸垫
- 1 个 12 杯规格的松饼烤盘

- 2 茶匙发酵粉
- 1 茶匙黄油
- 2 个鸡蛋
- 量杯和量勺若干
- 蜡纸
- 1 个筛子

- 1 杯蛋糕粉（未发酵）
- 2/3 杯牛奶
- 1 个电动搅拌器或打蛋器
- 1 个小煎锅
- 3 个碗
- 2 个勺子

步骤

1. 将烤箱预热至 350 华氏度（约 177 摄氏度）。在烤盘中放入 8 个纸垫，两侧各 4 个，分成两组。这两组用中间的 4 个空杯隔开，并用不同颜色的垫纸做区分。

2. 将 1 杯通用面粉筛在平铺的蜡纸上面。通用面粉比蛋糕粉中含有更多更易形成面筋蛋白的蛋白质。取 1 杯筛好的面粉，加入 1 茶匙砂糖、1/2 茶匙盐和 1 茶匙发酵粉后倒入碗中。

3. 取 1 张干净的蜡纸，用蛋糕粉代替面粉，重复上述步骤。蛋糕粉中的成分不易形成面筋蛋白。

4. 在煎锅中放入 1 汤匙黄油，化开后冷却。在 1 个干净的碗中放入 1/3 杯牛奶和 1 个鸡蛋，然后加入冷却的黄油。将混合物倒入上面混合好的面粉中，慢慢搅拌，直到面粉成糊状、表面光滑。

5. 重复上述黄油、牛奶和鸡蛋的混合步骤。将第 2 份混合物加入蛋糕粉中，快速搅拌直到粉末成糊状。搅拌时间不应超过 15 秒。不要太用力，也不要担心偶尔出现的块状物。两份糊状物相比，有何不同？

6. 将蛋糕粉糊状物放入上面分好的烤盘一侧，面粉糊状物放入另外一侧。将糊状物烤制 15 分钟，直到它们的顶端呈现棕黄色。最后等待糊状物冷却。

观察

两种松饼各取 1 个，切开。哪种松饼的颗粒更细？哪种有更多碎屑？尝一尝松饼，哪种更软？哪种有很多由气体冲出的小洞？

面团在被加热以及配合搅拌的过程中会形成面筋蛋白。当面团处于低温、被搅拌的速度很慢的时候，面筋蛋白就不容易形成。很多面包只含有面筋蛋白而不含其他蛋白质。为什么你会觉得有些面包团被人揉过？为什么烤饼团要轻揉轻放？

　　在这个实验中，影响成品的变量有很多。在相同条件下制作糊状物的过程中，你可以尝试用蛋糕粉和面粉进行对比，还可以检验温度对实验结果是否有影响，即原料都用通用面粉，1 份是冷藏混合物，1 份是常温混合物。烤制产品中，比如面包、奶油泡芙、馅饼、蛋糕还有饼干，你认为哪一种最易受面筋蛋白的影响改变结构？哪一种不含面筋蛋白才能质地薄脆？你能想出一些实验验证一下吗？

笔记

O_2
6
H_2O
CO_2
$C_6H_{12}O_6$

第6章

厨房中的化学

最早的化学家叫作炼金术士，他们做实验不是为了研究科学或发现自然真理。他们守着带有难闻气味的坩埚，度过数十个小时，只是为了炼出金子。在这个漫长的过程中，他们接触的都是危险材料，但是炼金的信念一直支撑着他们。他们并没有什么高尚的情怀，唯一的动机也只是想要暴富而已。

炼金术士的尝试无可厚非。试想一下，如果你将铁锅放入很平常的泉水中，过了一段时间后再拿出来，铁锅表面竟出现了红色物质。你可能也会觉得，既然铁可以变成其他物质，那也许有一种方法可以从其他金属中提炼出黄金。为此，他们尝试将不同的混合物放到一起炼制。他们虽然没有炼出金子，却发现了很多现代实验室中的常见物质。当时，那些创造性的发现史无前例。

炼金术士尝试了很多方法，依旧没有炼出金子。事实上，只有用金子才能炼出金子。炼金术士不知道，金是一种元素——一种不可分解的物质。但是炼金过程的确证明了很重要的一点，即物质是可以发生改变的，也就是可以发生化学反应。

世界上每天都在发生无数个化学反应。气体燃烧产生火焰，铁片表面会生锈，切开的苹果表面会氧化，等等。尽管这些化学反应各不相同，却也有一些共同特点。

每个化学反应都是从一种物质开始，到另一种物质结束。通常生成物与反应物相比，性质发生了变化，比如将丙烷气体与氧气放到一起加热，会产生二氧化碳和水蒸气，这个化学反应可以写成如下的式子：

丙烷 + 氧气 + 加热→二氧化碳 + 水 + 火焰

所有的化学反应都包含能量，能量的形式可能是以热、光或者电的形式存在的。化学家们发现观察热量是衡量能量最简单的方式。很多化学反应归纳起来不过两类：吸热反应和放热反应。一些化学反应，比如燃烧，需要热量开始，但是一旦开始就会释放能量。

很多时候，化学反应表现出来不会像气体燃烧那样直观，但日常生活中有很多检测化学反应的方法。在本章中，你将会学习部分方法，看看在制备食物的过程中化学反应是如何发挥重要作用的。

柠檬汽水
气体的形成

很多化学反应会产生气体，如果这些化学反应发生在液体中，气体则会浮到液体表面，我们就很容易看到这些反应。

材料与器具

- 水
- 柠檬汁
- 2 个大玻璃杯
- 1 茶匙小苏打
- 量勺若干
- 2 个勺子

步骤

1. 向 1 个玻璃杯中倒入 1/2 杯水，然后加入 1/2 茶匙小苏打，用 1 个勺子搅拌。小苏打易溶解吗？有化学反应吗？用红甘蓝指示剂（参考第 2 章，18—21 页）检测一下溶液的酸碱性。取少量溶液滴入指示剂中即可。

2. 向第 2 个玻璃杯中倒入半杯柠檬汁，再取 1 份红甘蓝指示剂，检测柠檬汁的酸碱性。用 1 个干净的勺子，将剩

余的小苏打搅拌入柠檬汁。你如何证明其中发生了化学反应？记得趁气泡消失前快速喝掉柠檬汁。

观察

你可以发明另一个实验验证小苏打是否会和其他酸性饮料发生化学反应，比如你可以做橙子汽水或者苹果汽水。

小苏打是一种由钠、碳、氢和氧组成的化合物，它会和酸发生反应产生二氧化碳。

纸杯蛋糕
蛋糕起酥

蛋糕烤制的过程中会发生一系列令人吃惊的变化。随着温度升高，糊状物内部会形成气体，而且气泡会逐渐变大。牛奶或者鸡蛋中的蛋白质受热凝固时，气泡周围的糊状物会随之定型。面粉会使得气泡周围形状坚固，因此蛋糕从烤箱中取出后也不会塌陷或变形。另外，糖和面粉会吸收水分使得蛋糕松软。原料对于蛋糕成品的形状起着至关重要的作用，也许蛋糕这个多孔结构的最大优点就是口感很棒。

蛋糕的重量和口感都会受到气泡的影响，而气泡形成的过程也很有趣。下面就让我们一起看看，在做蛋糕的过程中，气泡是如何形成并使蛋糕起酥的吧。

材料与器具

- 1/2 茶匙塔塔酱
- 水
- 1/2 茶匙小苏打

- 1 茶匙双效发酵粉，平均分成两份
- 量勺若干
- 4 个大玻璃杯

- 4 个勺子
- 1 个小炖锅
- 1 个糖果温度计

步骤 1

1. 将塔塔酱放入 1/2 杯冷水中，搅拌至溶解。有化学反应发生吗？取少量溶液，用红甘蓝指示剂检测一下酸碱度吧。（参考第 2 章，18—21 页。）

2. 向塔塔酱溶液中加入小苏打。确保取小苏打用的勺子已经冲洗干净，搅拌的时候也要用干净的勺子。

观察

有化学反应发生吗？产生了什么气体呢？用你做柠檬汽水的经验可否解释这个实验现象呢？

有一种发酵粉是由塔塔酱（也叫塔塔酸）、小苏打和玉米淀粉混合成的。塔塔酱是一种酸，可以干燥保存，能够迅速溶解。玉米淀粉会吸收混合物中的水分，这样小苏打和塔塔酱就不会发生反应。塔塔酱发酵粉打成的面糊要迅速烤制，否则大部分气体（小苏打中的碳、氧和酸反应后产生的）就会散出，这样蛋糕就不容易起酥了。你可以按照蛋糕食谱操作，检验一下，也可以按照接下来的步骤试试看。

步骤 2

1. 分别准备 1/2 杯凉水和 1/2 杯热水，并向其中各放入 1/2 茶匙双效发酵粉。哪个杯中的化学反应更强烈？

2. 当冷水中的化学反应停止后，在锅中加热溶液，是否又会发生反应了？

观察

还有一种发酵粉，可以在糊状物烤制前持久留存。这种发酵粉包含硫酸铝钠，硫酸铝钠与小苏打只有在加热条件下才会发生化学反应，所以二氧化碳只会在烤制的过程中产生。

但是含硫酸铝钠的发酵粉有两点不足。第一，它会在烤制的蛋糕中留有苦涩的余味。第二，在某些食谱中，烤箱的温度会使得蛋糕在气体形成前就定型，这样的蛋糕厚重不松软。因此，人们发明了双效发酵粉。它包含两种酸性粉：一种快速反应，和液体混合后会快速产生气体，比如塔塔酱；另一种是硫酸铝钠，在烤制过程中会产生更多二氧化碳。后者的成分少一些，这样在最后的成品蛋糕中发酵粉的余味更小。

步骤 3

1. 将水加热至 150 华氏度（约 66 摄氏度），可以用糖果温度计测量温度。向大玻璃杯中倒入 1/2 杯热水，把糖果温度计放入杯中。

2. 当温度计读数稳定 5 秒左右没有变化时，加入剩余的双效发酵粉并搅拌。

观察

发生反应的同时，观察温度计。溶液温度上升了还是下降了？变化了几摄氏度？你可以用不同量的发酵粉重复这个实验，将实验结果进行对比。

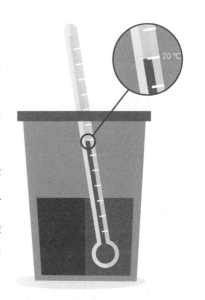

你刚刚观察到的正是一个吸热的化学反应。与燃烧释放热量不同，硫酸铝钠分解并与其他物质反应释放二氧化碳的过程需要吸热。而这部分热量是从周围液体中吸收的，因此水的温度会下降。

根据下面的蛋糕食谱操作一下，观察不同的发酵粉在糊状物中的作用。

初级纸杯蛋糕食谱

材料与器具

- 1 杯蛋糕粉（未发酵）
- 1/2 杯砂糖
- 1/4 茶匙盐
- 1 个鸡蛋

- 1 茶匙双效发酵粉
- 1 茶匙香草精
- 2 个碗
- 蜡纸

- 1 个筛子
- 1 个电动搅拌器
- 1 个勺子

- 1/2 根（1/4 杯）黄油 ● 量杯和量勺若干 ● 12 杯规格的松饼烤盘
- 1/4 杯牛奶   ● 松饼盘垫纸（可有可无）

基本步骤

1. 将烤箱预热至 350 华氏度（约 177 摄氏度），再将蛋糕粉在蜡纸上筛匀。接着将蛋糕粉、砂糖、盐和发酵粉（或其他替代物，视实验情况而定）混合筛匀后放入 1 个干燥的碗中。

2. 在另一个碗中放入软化的黄油，并用电动搅拌器搅拌，然后在其中加入鸡蛋、牛奶和香草精。

3. 将干湿两份原料混合在一起，慢慢搅拌至面粉呈糊状，然后认真搅拌至糊状物表面平滑。

4. 在烤盘上的 4 个烤位中涂上油，或者铺上垫纸。将准备好的糊状物放入烤盘中烤制 15 分钟。当糊状物表面呈棕黄色时，说明蛋糕已烤好。用牙签插入蛋糕再取出，看看牙签上是否有附着物。如果没有，就说明蛋糕已经做好了。

变量 1

做两份蛋糕，分别用 1/2 茶匙小苏打和 1/4 茶匙塔塔酱代替发酵粉。搅拌第 1 份混合原料，然后静置至少 1 小时后再制作第 2 份。将两份同时放入烤箱烤制。

变量 2

尝试用不同量的发酵粉烤制蛋糕。3 份蛋糕中发酵粉的量分别是 1/2 茶匙、1 茶匙和 1½ 茶匙。

变量 3

如果你想做更复杂一点的实验，可以做这样的 3 份蛋糕。在第 1 份中用 1/2 茶匙塔塔酱和 1/4 茶匙小苏打来替换发酵粉混合其他原料。将糊状物静置半小时，再准备另外两份。在第 2 份中加入双效发酵粉。第 3 份和第 1 份的成分相同，加入的还是塔塔酱和小苏打。将这 3 份同时放入 12 杯规格的烤盘中，每份 4 杯，这样整个实验只需 1 个烤盘即可。

烤好后，你可以对比 3 份蛋糕的厚度、产生的碎屑形状以及口感。

注意：观察烤蛋糕的过程也很有意思。如果你的烤箱有透明窗，那就太好了，你可以通过小窗看到烤制的过程。如果你的烤箱没有透明窗也没关系，记住不要在蛋糕烤好前打开烤箱，那样会放入很多冷空气，使蛋糕上的热气突然散开，整个蛋糕就会塌陷。但是由于蛋糕的中央部位最后才会定型，所以实验过程中有些蛋糕中间塌陷是很正常的。

焦糖糖浆
糖的分解

一些化合物，比如砂糖，在加热条件下会分解成更简单的化合物或者元素。砂糖在 320 华氏度（160 摄氏度）的条件下会融化，356 华氏度（180 摄氏度）的条件下开始分解。砂糖分解会产生水和碳。越来越多的碳聚集，液态糖就会呈现为麦秆的颜色，最终会变为深棕色。砂糖经过局部分解可以形成焦糖。

你可以通过砂糖分解的过程自制焦糖。按照以下实验步骤操作时要小心，因为你会接触很烫的材料，操作时最好有成年人陪同。

材料与器具

- 1/2 杯砂糖
- 1/2 杯水
- 1 个又小又重的煎锅
- 1 个木勺

步骤

1. 将砂糖倒入煎锅中，用中火加热，然后慢慢搅拌。砂糖会很快融化，颜色逐渐变深。在糖液呈现麦秆的颜色时关火。

2. 慢慢加入水。**一定要小心！**焦糖会变得很脆，而且很烫，如果你加水过快，糖液可能会溅出来烫伤你。

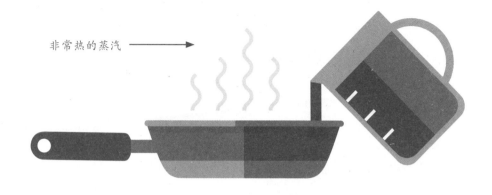

非常热的蒸汽 ⟶

3 转小火加热，同时搅拌 10 分钟左右，尽量让所有焦糖都溶解。10 分钟后关火，将锅从火上移开，冷却糖浆。

观察

当糖浆完全冷却后，尝一尝。焦糖与糖相比，哪个更甜？你可以将糖浆淋在冰激凌上，也可以用来装饰上个实验做好的蛋糕。

你还可以做第二个实验。试着加热 1/2 杯砂糖至深棕色，和之前一样，关火后加入水。这次你要格外小心！因为焦糖太热了，你加水的时候它的反应会十分激烈。深色的焦糖溶液常用于给肉汤或炖菜调色。这时糖已经彻底分解，没有甜味了。

你是通过砂糖表面的哪些变化得知它已经发生了化学反应的？你还能想到其他由化学反应产生的颜色变化吗？

洋葱与汉堡

美拉德反应与烹饪中的焦糖化

很多时候，你一进门就知道有人在做饭。为什么呢？因为空气中到处弥漫着饭菜的香味。当某些特定的食物被加热到一定温度时，它们会发生两种重要的化学反应。一种是焦糖化，即糖与糖之间会发生反应，形成棕色、有味道的化合物，就像前面实验中的那样。另一种化学反应是由 1912 年法国生物化学家路易斯·卡米尔·美拉德发现的：在 310 华氏度（约 154 摄氏度）干燥加热的条件下，糖与氨基酸（来自食物中的蛋白质）会发生反应，使食物的颜色变成棕色。正是因为美拉德反应，很多烘焙食品和烤肉的表面呈棕色。烤咖啡豆的味道和色泽也是美拉德反应的产物。糖在受热分解后，不仅颜色发生了变化，还产生了很多新的分子，使食物的味道也发生了变化。

清炒后，洋葱呈现深棕色，口味偏甜，这就是焦糖化反应造成的。但是洋葱蛋白质中的氨基酸也会发生美拉德反应。如果你清炒过洋葱，你一定知道，焦糖化的过程非常漫长。不过你可以加入一些碱来加速反应过程。跟随下面的实验来试一试吧。

材料与器具

- 烹饪喷雾
- 大约 1/2 杯切碎的洋葱
- 小苏打
- 1 个牛肉饼
- 1 个不粘煎锅
- 2 把橡胶铲
- 1 把餐刀

步骤

1 中火加热煎锅，然后用烹饪喷雾喷洒煎锅表面。等一两分钟至煎锅变热，这时刚才喷洒的喷雾开始形成气泡。

2 将洋葱放入锅中，分成两份，中间留一些空隙将其隔开，然后向其中一份撒一些小苏打。

3 用两把橡胶铲分别翻炒两份洋葱，在洋葱边缘微黄时将其倒出，并分开放置。

4 清洗煎锅，重新用中火加热，用烹饪喷雾喷洒其表面。将牛肉饼切成两片，在其中一半肉饼的正反两面撒上少量小苏打。

5 煎牛肉饼，每一面煎制 2 分钟左右。观察馅饼是否变成了棕色。

观察

　　哪一组洋葱焦糖化反应更快呢？尝一下洋葱，哪一组更甜呢？同样的实验条件下，哪一半牛肉饼更甜呢？如果在微波炉中加热牛肉饼，它就不会变成棕色。这是因为微波炉是利用水分子间的相互作用产生热量的，而水分子在 212 华氏度（100 摄氏度）就会变成水蒸气，这个温度对两种反应来说都太低了。你也可以尝尝用微波炉加热做的牛肉饼，你肯定不会喜欢的。你可能也不会喜欢烤苏打粉的味道，所以如果想让食物没有苏打粉的味道，就必须多一点耐心。聪明的厨师都有耐心。

维生素 C 水果沙拉
水果的氧化

你有没有注意过，某些水果或蔬菜切片暴露在空气中表面也会变成棕色，而这个过程既不是焦糖化也不是美拉德反应，而是因为水果和蔬菜中的色素与空气中的氧气产生了化学反应（更多内容参考第 10 章）。氧元素是一种非常活泼的化学元素，可以和很多物质发生化学反应，这一反应叫作氧化。氧化过程会释放能量。燃烧就是燃料的氧化过程，速度太快了以至于产生火焰。铁生锈是一个缓慢的氧化过程，也会放热（尽管普通条件下不易观察到）。苹果果肉表面变成棕色，这个氧化过程也非常缓慢。

苹果、桃、梨和香蕉都是非常容易氧化的水果。有两种方法可以使新鲜的水果沙拉减慢氧化速度，一种是避免接触空气，另一种就是加入维生素 C。具体操作见下面的步骤。

材料与器具

- 水
- 1 片咀嚼维生素 C 片
- 1 个苹果
- 1 个桃或者梨
- 1 个香蕉
- 1 个小而深的碗
- 1 把尖锐的餐刀
- 2 个浅汤盆
- 1 个漏勺

步骤

1. 在小深碗中倒入 1 杯水，溶解维生素 C 片。

2. 将苹果切成两半，取一半削皮、去核、切片后放入维生素 C 溶液中，保证每一片苹果都浸泡充分。之后用漏勺取出苹果切片，将其置于 1 个浅汤盆中。

3. 将另一半苹果削皮、去核、切片后，直接将切片置于另一个浅汤盆中。

4. 其他几种水果也按照同样的方式处理：取其中的一半削皮、去核、切片，然后将切片放入维生素 C 溶液中浸泡充分，取出后将它们和浸过维生素 C 溶液的苹果切片放在一起；取另一半削皮、去核、

切片，然后将它们和没有浸过维生素 C 溶液的苹果切片放在一起。稍微摆一下，使两个浅汤盆中的水果都能充分暴露在空气中。

5 两份沙拉静置至少 1 小时，观察水果表面的变化。

观察

你能看出两份水果沙拉的区别吗？你能明白为什么做苹果馅饼的时候要加一点柠檬汁吗？柠檬汁中有维生素 C 吗？其他水果和蔬菜暴露在空气中也容易变成棕色，比如茄子、鳄梨还有生土豆。维生素 C 是否可以让这类水果、蔬菜氧化速度变慢呢？设计实验证明一下吧。

水果的氧化速度会受到温度的影响。你可以用两份水果沙拉验证，其中一份放在室温下，另一份放在冰箱里，看看哪一份先变黄。

化学家不仅用"氧化"这个词来形容物质和氧气发生的化学反应，还用它来形容物质之间以类似的方式结合的任何化学反应。在一种叫作酶（第 10 章会详细介绍）的蛋白质的作用下，水果的氧化过程会加速。水果被切开前，酶和与其接触会发生氧化反应的化合物彼此分离，而水果被切开后，细胞受到损坏，酶和这些化合物就会彼此接触，从而发生氧化反应。甜瓜和柑橘类水果中不含这种酶，因此这类水果会氧化得慢一些，而不是几分钟就变黄了。

易氧化的水果也容易和铜、铁发生化学反应。将一份水果沙拉放置在铜碗或者铁锅里，另一份放在玻璃或者陶瓷碗里，对比两份表面变黄的情况。注意两份都要用薄膜封口，减少其与氧气发生的反应。

这些实验用的沙拉都很好吃，即便表面氧化了，也不影响食用。实验结束后将所有水果收好，加入一些杏仁或者果汁，然后放在冰箱里冷藏，等你想吃的时候就可以随时享用啦！

水果茶潘趣酒
检测铁物质

对大部分人来说，只有化学实验才会用到试管。试管的最大优点是，在将少量不同的物质混合在这个透明容器里后，化学家们可以清楚地看到在其中发生的化学反应。

你已经知道了几种化学反应会产生的变化。在本章已经做过的实验中，你已经做过了产生气体的化学反应和导致颜色变化的化学反应。除此之外，还有一种化学反应产生的变化是，随着固体颗粒的形成，溶液会由澄清变浑浊，这些固体颗粒叫作沉淀物。在接下来的实验中，你的任务是寻找某一种特定的沉淀物。

如果你的实验设备中有试管，你可以将它们拿出来使用。但是一定要保证这些试管是干净的，使用它们前要清洗彻底。如果你没有试管，用小的无色透明玻璃杯做实验也可以。

茶中的某些化学物质会与果汁中的铁化合物产生反应，形成沉淀。如果用茶准备潘趣酒，这种沉淀物会使得清澈的冰茶潘趣酒变得浑浊不堪，这是非常令人气恼的。虽然它的味道可能不错，但是它的成色却会让派对的主人十分尴尬。然而，并不是所有的水果中都含铁。通过下面的实验检测水果中的铁，让你的冰茶潘趣酒变得光彩夺目吧。

材料与器具

- 2 杯浓红茶（常温）
- 玻璃杯或者试管
- 纸和笔
- 1 份果汁混合物（罐装和瓶装的各种果汁，比如橙汁、樱桃汁、菠萝汁和李子汁）

步骤

1. 摆放一排玻璃杯或者试管（最好放在架子上，保持垂直状态），每个杯子或试管里加入少量（约 1 英寸高）的茶。在玻璃杯外贴上标签，标记即将检测的果汁。

2. 你可能还想用数据表准确记录观察结果。下面是 1 个数据表模板，你可以参考：

果汁	检测结果
橙汁	—
罐装菠萝汁	—
蔓越莓果汁	?
樱桃汁	?

3. 向每个玻璃杯或试管中加入大约 1 英寸高的果汁，观察其是否变浑浊。如有沉淀物形成，在对应的标签上标记"+"；如没有沉淀，且混合物保持清澈，标记"—"；如果你不确定，标记"?"，之后再检测一遍。有些果汁本身就有沉淀，那可能会

影响你的判断，因此需要再准备一排只加果汁的对照组进行比较。

橙汁　罐装　蔓越莓　樱桃汁
菠萝汁　果汁

观察

哪些果汁里面含铁呢？罐装果汁比瓶装果汁含铁多吗？食品配料表上会标注维生素、矿物质、脂肪、蛋白质等的不同含量，根据配料表可以发现，含铁量最高的果汁是樱桃汁、菠萝汁和李子汁。你的实验结果与它一致吗？

结束实验后，你可以将这些果汁混合物都倒入 1 个大杯子里尝一尝，还可以加一些你喜欢的果汁和一点茶、几块冰。这样你就做成了 1 杯非常爽口的饮料。

杧果蛋黄（爆爆珠）

分子美食学

有一种全新的烹饪方法充分运用了物理和化学的原理。如果从悬浊液，比如果泥中做出一个个小球，那一定很酷。果泥表面发生化学反应形成一层凝胶，"小球"便形成了。而这个过程，需要海藻酸钠（从褐藻中提取的一种化合物）与钙离子发生反应才行。海藻酸钠分子有 2 个糖分子链，钙离子聚合到糖分子链之间，才能形成凝胶。这层凝胶没有味道。

材料与器具

- 1000 毫升瓶装水
- 5 克海藻酸钠（你可以从网上买，或者去大型菜市场买）
- 1 杯削皮的杧果丁
- 1/2 杯椰汁或者橙汁
- 1 汤匙砂糖（如果喜欢吃甜的，可以多准备一点）
- 5 克乳酸钙（你可以从网上买，或者去药店买）
- 1 个搅拌器
- 2 个大玻璃碗

- 塑料薄膜
- 量杯和量勺若干
- 1 个半球形模具（比如冰箱里放鸡蛋的塑料模具）
- 1 个炖锅（可有可无）
- 1 个摄氏温度计（你可以从网上买）
- 1 个漏勺
- 1 个厨房用秤（精确到克，用以量取海藻酸钠和乳酸钙）

步骤

1. 向搅拌器中加入一些水，慢慢搅拌，之后加入海藻酸钠。大力搅拌均匀后，取出混合物放入玻璃碗中。用塑料薄膜密封，冷藏过夜至所有气泡消失。

2. 清洗搅拌器，放入杧果丁、椰汁或橙汁、砂糖（如果喜欢吃甜

的，可以多放一点）、乳酸钙，
搅拌成泥。混合物的黏稠度应该
像鲜奶油一样，可以流动。

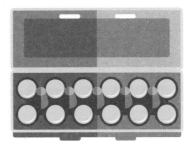

3 将杞果泥放入模具中，每个杯里
至少放 1 汤匙果泥，之后用塑料
薄膜密封、冷藏。

4 第 2 天取出海藻酸钠溶液，在微波炉中加热
（或用炖锅加热）至 150 华氏度（约 66 摄氏
度），要保证溶液是热的但是不能让它沸腾。

5 在另一个玻璃碗中准备好温水用
于"漂洗"。

6 将冻杞果果泥球倒入海藻酸钠液
体中，先放 1 个，如果再加几个，
要保证其不互相粘连。浸泡 4 分
钟后，用漏勺捞出杞果泥球放入
清水中清洗，然后将其放入碗
中，再放入冰箱冷藏。接着你就

可以吃啦！在这样的"蛋黄"上面加一些鲜奶油会是一道非常
美味的甜点。

观察

加热后的海藻酸钠液体会融化冰的果泥，但是果泥表面会形成凝
胶膜不是因为被加热。冷藏果泥会让果泥有足够长的时间形成凝胶膜。
剩余果泥融化的时候，这团果泥会变成 1 个小球，而球形对液体来说是自然界中最稳定的形状，它用最小的表面积实现了体积最大化，其他的立体图形都做不到这样。因此太阳、月亮、星星以及雨滴都是球状物。海藻酸钠的密度大于水，因此可以承受杧果丁的重量，使其表面形成薄膜。密度是衡量某个物质是否可以浮在水中的一个标准。盐水比纯净水的密度大，这就是为什么你会感觉在海水中浮力更大。

你也可以用其他物质——比如酸奶、西红柿汁或者草莓汁的混合物——来做这样的小球。你可以尝试省略冷藏的过程，直接用勺子舀上一些放在海藻酸钠液体中，前提是海藻酸钠液体中没有气泡。这个过程不用加热，你只需确保液体中含有充足的乳酸钙与海藻酸钠发生反应即可。

杧果蛋黄其实是一道甜点，它的一个缺点是，看上去真的太像蛋黄了，而我们通常不把蛋黄作为甜点。此时你可以使用分子美食学的技巧，用牛奶和砂糖做成类似煎蛋的蛋白的混合物，然后将杧果蛋黄加到中间。哦，那你就完成了一个杰作！尽管如此，很多人还是不会品尝一道很像煎鸡蛋的甜点，这也是食物美观的重要性。这个问题需要很多科学研究再加以探讨。

笔记

第7章

可以吃的植物

所有生物都需要有持续不断的能量供给才能存活，而能量的来源是食物和氧气。食物（比如糖）氧化与燃料和氧气反应产生火焰的原理基本相似（不过，二者还有一个很大的区别，我马上就会告诉你）。下面这个式子就体现了二者的相似之处：

糖（燃料）+ 氧气→二氧化碳 + 水 + 能量（火焰）

当燃料燃烧时，能量瞬间释放，不可控制。而在生物中，食物氧化的过程很慢，能量以一种可操控的方式被释放出来，以便支撑不同的生物活动。

科学家可以通过测量热量来得知反应释放的能量，他们将提前称好重量的食物放入一种叫作量热器的仪器中。食物氧化产生的热量会使周围的水温升高。科学家们通过测量水温的变化就可以得知食物所含的能量，这种热量以"卡路里①"为计量单位。大部分的烹饪书都会有一个列表，里面标明了不同食物的卡路里。脂肪热量最高，蛋白质热量最低。（你也可以根据提示自制一个量热器，参考第 11 章，202—208 页。）

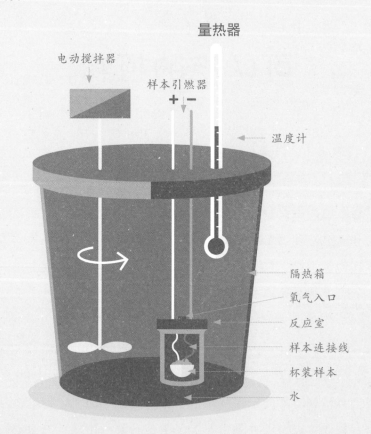

量热器

电动搅拌器

样本引燃器

温度计

隔热箱

氧气入口

反应室

样本连接线

杯装样本

水

我们运动、思考以及参与世界上的任何一种活动都需要从食物中获取能量。食物提供的能量会在我们体内形成蛋白质和碳水化合物分

① 非法定计量单位。1948 年以后国际规定，采用"焦耳"作为测量热量的单位。1卡路里 ≈ 4.186 焦耳。

子，以保证身体的能量消耗，而未被消耗的能量则会形成脂肪分子。

处于成长阶段的儿童每天需要 2600—3000 卡路里能量，如果你摄入的能量过多，就会发胖。

因此所有生物都需要食物，有的以植物为食，有的以动物为食，有的两者都吃。食物链将所有生物联系在一起。这引起了人们的好奇。什么生物处于食物链的底层？它是靠什么机制存活的呢？这类生物一定有某种能量来源，但那不是靠猎取其他生物获得的，而且它们一定有办法将这种能量转化成一种物质，为其所需。在地球上，食物链的底层是绿色植物。

绿色植物产生能量的化学反应过程与人体内糖分氧化的过程刚好相反：

二氧化碳 + 水 + 能量→糖 + 氧气

该过程所需的外部能量就是太阳光。空气中就有二氧化碳，土壤中有水分。植物体内的叶绿素使其能够用这些原材料产生糖。这个"食物加工"的过程就叫作光合作用，意思是"在光的作用下融合到一起"。

植物用光合作用产生的糖转化为蛋白质、其他碳水化合物和油，所以动物从植物中摄取的能量，其根本来源是太阳。因此绿色植物对地球上的其他生物来说，是十分重要的。如果没有绿色植物，其他生物也没有办法存活。

本章中的实验将会介绍植物如何获取光合作用所需的原料。

蔬菜沙拉
植物如何吸水

植物的根部有很多功能，大多数植物的根可以将植物固定在地面上。胡萝卜的根可以储存叶子产生的能量，但总的来说，根最重要的功能就是从土壤中吸收水分。

观察未修剪的完整的胡萝卜根部，你会看到主根在底部会变得纤细，还会生出很多小根。用放大镜观察这些小根，每个上面都有很多触须，增加了根部与土地的接触面积，这样根部可以吸收更多水分。

如果不能找到结构完整的胡萝卜，你可以将1根胡萝卜根部插入水中，它过几天就会长出新的根。

水通过渗透作用进入植物的根部。在渗透过程中，水分会穿过一层薄膜——细胞膜，而细胞膜上的孔比水分子大，因此水分可以顺利进入。

如果细胞膜上的孔比水分子大，水分子可以自由进出，那细胞如何存储水分呢？跟随下面的实验来看一看吧。

材料与器具

● 1个大胡萝卜　　● 盐　　　　　● 2个碗

● 水　　　　　　● 1个蔬菜削皮器　● 2个勺子

步骤

1 把胡萝卜削成条。（确保削皮器远离手指，不要划到手。）

2 将胡萝卜条分成两组，放在两个碗中，分别加入足量水以覆盖胡萝卜条。将 1 汤匙盐加入其中一个碗中，充分搅拌，水尝起来应该会很咸。用另一个勺子搅拌另一份胡萝卜条，不要放盐。

3 将两组胡萝卜条浸泡几小时。不时从两个碗中分别取胡萝卜条，弯折一下，尝一尝，看其是否松脆。

观察

哪一份的胡萝卜条更脆呢？哪一份的胡萝卜条吸收了水分？哪一份的胡萝卜条丢失了水分？水分流动的方向取决于水中溶解的矿物质。当根部比土壤中的矿物质多时，水分会向根部流动，使根部坚硬松脆。而当土壤中的矿物质比根部细胞中的矿物质多时，水会流出根部，根部会变软、变蔫。

你也可以用其他蔬菜做这个实验，黄瓜切片的实验效果非常棒。你还可以加入不同量的盐检测植物变蔫的速度。你还可以尝试看看植物在温水（不是热水）中是否比在冷水中蔫得更快。

你可以用本实验用到的所有蔬菜做一个蔬菜沙拉。把蔬菜放凉后沥干，然后加入酸奶油、小茴香末或者西芹，也可以加入第3章做的调味汁（参考35—37页）。

芹菜小食
水在茎部传输

植物茎的一个重要功能就是把根部的水分输送到叶子中。你可以用芹菜秆和一些食用色素观察这一过程。

材料与器具

- 芹菜秆
- 水
- 红色食用色素
- 2个玻璃杯
- 1个蔬菜削皮器
- 1把餐刀
- 1个塑料三明治袋

步骤 1 ◀◀●●●

1. 将芹菜秆底部修剪整齐，使其底部保持平整、新鲜。在玻璃杯中加入半杯水，滴入几滴红色食用色素，然后将芹菜秆放入水中。

2. 当水沿着芹菜秆向上流动时，用蔬菜削皮器削除芹菜表皮。

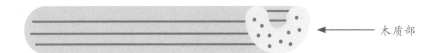

木质部

观察 ◀◀●●●

茎的哪个部位含有的食用色素最多？植物运输水分的管道叫作木质部，木质部是由中空的细胞组成的，这些细胞形成了从根到叶的管道。你横向切开茎就可以看到木质部。

步骤 2 ◀◀●●●

再用两根茎重复以上步骤。一根带叶子，另一根不带叶子。

观察 ◀◀●●●

哪根茎可以最先将水分运输到顶部？

步骤 3 ◀◀●●●

用两根带叶子的茎重复上述步骤，一根置于阳光下，另一根置于阴暗处，然后用 1 个小塑料袋盖住茎。

观察

哪根茎中的水移动速度更快？你的实验结果如何支持以下观点：植物叶子蒸发水分的速度会直接影响其吸水的速度。

实验结束后，你可以把这些芹菜吃掉，在其中加入一些坚果酱或者奶酪，味道会更好。

菠菜
叶绿素颜色的变化

对很多美食爱好者来说，菠菜是非常好的食材。如果你不喜欢吃菠菜，那可能是因为你的菠菜因烹饪时间过长变得外形松软、颜色暗沉，让人看着没有食欲。

新鲜的菠菜呈现出一种非常鲜亮的绿色。当菠菜被放入开水中，这种绿色会因为随着细胞内受热的气体一起排出而变得更亮。煮熟的菠菜应该趁其颜色鲜绿时食用，菠菜烹饪的时间越长，颜色越暗沉。这是因为在烹饪过程中，菠菜中的某些酸被释放出来，改变了叶绿素的颜色。

烹饪过程中菠菜释放出的酸的量很少。如果可以及时移走这些酸，菠菜还是可以保持鲜亮的色泽。你可以向水中加入一些小苏打，因为小苏打会与酸发生中和作用。（可以试试，验证一下是否有效。）但是因为小苏打会使食物变黏稠，在实际操作过程中，很少有人使用这种方法。化学家为了避免某种溶液过于呈现酸性或者碱性，会加入一种叫作缓冲剂的物质。缓冲剂可以吸收任何酸性或者碱性分子，而且会在这些分子释放的瞬间将它们移除。当然，实验室中用的缓冲剂不能食用，但是还有一种与缓冲剂具有相同作用的食物——牛奶。

在牛奶中做菠菜能保持其鲜亮的色泽吗？跟随下面的步骤一探究竟吧。

材料与器具

- 1 杯牛奶
- 1 杯水
- 一些新鲜的、洗干净的菠菜叶
- 1 个量杯
- 2 个炖锅
- 1 个漏勺
- 1 个白色盘子

步骤

1. 在其中的一个锅中加入牛奶，另一个锅中加入水。用中火加热它们。

2. 在牛奶和水即将沸腾时，分别向两个锅中加入几片菠菜叶。保留一些生菜叶作为对照。火不要太旺，防止牛奶煮沸。菠菜叶煮 4—5 分钟后关火，静置几分钟。

3. 用漏勺将菠菜移入白色盘子中，将两个锅中的菠菜以及生菠菜的颜色互相对比一下，看看这 3 份菠菜有什么不同。

观察

煮过之后的菠菜颜色变了吗？牛奶中的菠菜和水中的相比，哪一种颜色更暗沉？

选用水或者牛奶煮剩下的菠菜，加入盐、胡椒和黄油调味，然后就可以食用啦。

煮笋瓜
认识纤维素

你已经通过实验学习了水分进入植物的过程，也了解到水分对植物很重要，没有水分，植物就会萎蔫、衰败。但是除了水，植物还含有一种叫作纤维素的碳水化合物，它在植物的支撑结构中起着重要作用。

每一个植物细胞中都会有原生质，原生质被主要由纤维素组成的细胞壁所包围。纤维素比原生质更坚固，细胞壁则有助于支撑植物克服重力。

就像淀粉一样，纤维素也是由糖分子链组成的。如果纤维素可以直接被人体消化吸收，它将是一个非常好的食物来源，可惜人体不能消化纤维素。纤维素中糖分子的组合形式与淀粉中的不同，纤维素分子链的连接方式使其变得坚硬，人体不能打破这种分子链，也不能吸收纤维素。而一些动物，比如牛，其胃部某些微生物可以打破纤维素链，因此牛能以草为食。植物中的纤维素进入人体后会原封不动地被排泄出来，但是纤维素作为粗粮的主要成分，能够帮助肠道蠕动，有助于消化。

我们烹饪蔬菜是为了软化纤维素，让其更易通过人体。接下来的实验展示了一些影响纤维素在烹饪过程中软化速度的因素。

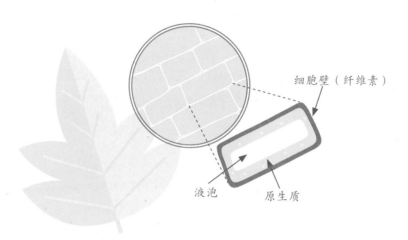

细胞壁（纤维素）

液泡   原生质

材料与器具

- 1 个小的胡桃南瓜或者其他质地坚硬的笋瓜
- 水
- 1 茶匙醋
- 1 个勺子
- 1 个蔬菜削皮器
- 1 把大的尖锐的餐刀
- 1 个案板
- 1 把叉子
- 3 个炖锅
- 量勺若干
- 1 个漏勺
- 1/2 勺小苏打

步骤

1 用削皮器对南瓜（如果你选的是笋瓜，下列的步骤同样适用）去皮，然后将它纵向切成两半。你要有心理准备，因为南瓜非

常难切。接着用勺子将南瓜子剔除，刮净。将南瓜切成 1 英寸
的南瓜丁，尽量大小相同。

2 将南瓜丁平均分成 3 份，分别放入 3 个炖锅中，再在锅中加入
足量水。然后向其中两个锅内分别加入醋和小苏打，剩下的那
个锅作为对照组。

3 将 3 个锅用中火加热至沸腾，然后在沸腾状态下进行观察。

4 每隔几分钟就分别从 3 个锅中取出一小块南瓜丁，尝试用叉子
捣碎以感受其软硬度。

观察

哪个锅中的南瓜最先变软？酸会加速纤维素软化吗？

南瓜煮好后，用漏勺取出，再用捣碎器或搅拌器将其捣碎。南瓜
原本的口感就很好，但是为了让它更好吃，你可以在其中加入 2 汤匙
黄油、2 汤匙红糖、少量盐和胡椒粉。

正如你所料，蔬菜的烹饪时间长短取决于其纤维素的含量。多叶
的植物，比如菠菜，纤维素含量少，几分钟就可以煮好。而百合中的
纤维素含量很高，需要煮很久才能变软。设计一个实验来看看事实是
否如此吧。

杂拌豆子
豆子如何发芽

对人类来说，一种重要的食物来源就是种子。高粱粒、玉米粒、大米和大豆都是种子或种子的一部分。每粒种子都是个神奇的大礼包，虽然它们表面上看起来很简单，但是每粒种子中的细胞都可以长成 1 棵植物，每粒种子里也包含幼苗成长所需的全部营养物质。种子可以在极度干旱或者严寒的条件下存活，当条件合适时它们仍然可以孕育新的生命。

你在厨房里就可以创造出让种子发芽的环境和条件。

材料与器具

- 1/4 杯干豆子（比如小扁豆、青豆、四季豆或者豇豆）
- 水
- 1 个碗
- 1 个漏勺
- 1 个干净的未上釉的花盆（新的花盆就不错）
- 1 个能盖住花盆顶部的碟子

步骤

1 将豆子放入碗中，然后加入适量水没过它们，浸泡一夜。由于豆子中的淀粉吸收了水分，所以豆子会膨胀起来。

2 第二天，在花盆里倒入水，使土壤湿润。用漏勺把豆子沥干，放入花盆中。豆子需要在湿润但不过于潮湿的地方才能发芽。用碟子盖住花盆，然后将其放入储藏室。

3 每天都检查豆子的生长情况。如果豆子发干或者产生难闻的发酵气味，那就将其再放入漏勺中，加水至没过豆子，充分过滤。在把豆子放回花盆之前，先把花盆冲洗干净。

观察

种子中最先长出的结构是根。根深入地下，源源不断地吸收水分，确保植物的生长有持续的水分供应。豆子有两片子叶，用于储存食物。（这时子叶中含有叶绿素吗？）当豆芽破土而出后，这两片厚厚的叶子会变成绿色。子叶为植物提供能量，直到有新叶长出，之后子叶就会枯萎、凋零。

更多研究

你还可以做很多实验探究影响种子发芽的条件。例如：将一些浸泡过的种子放入冰箱冷藏，让其与室温下发芽的种子做对比；对比光照对种子发芽的影响。当种子形成根部后，将其取出，放在两片打湿的纸巾中间，再用回形针固定纸巾。用湿纸巾支撑种子，使种子的根部向上，与重力方向相反。观察这些实验条件下的种子变化。

在罐装或者冷藏的杂烩小食中加入豆芽，加热、搅拌后食用，松脆可口。

爆米花
测定种子中的水分

种子中都会有少量的水分，以支持细胞存活直至遇到适合种子发芽的条件。正是有了这些微量的水分，人们才能用玉米粒做爆米花。

当玉米粒被快速加热的时候，玉米粒内部的水分会变成水蒸气，蒸汽靠巨大的压力冲破种皮。没有表皮的约束，气体快速扩散，导致玉米粒内部的淀粉呈现多个质地坚硬的孔洞。这种白色的、像泡沫塑料一样的物质就是我们所说的爆米花。仔细观察爆米花，你会发现种皮残留物。事实上，爆米花的制作过程就是将种子内核翻出来的过程。

当改变种子内的水分含量时，玉米粒是否还能制作成爆米花？跟随下面的实验看一看吧。

材料与器具

- 1½ 杯玉米粒
- 水
- 9 汤匙菜籽油
- 量杯和量勺若干
- 1 个饼干烤盘
- 1 个带盖的罐子
- 1 个爆米花锅或者带盖子的深锅
- 3 个 8 盎司规格的玻璃杯
- 1 把尺子

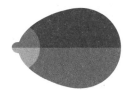

1.未处理的玉米粒

2.种皮爆裂

3.加热后气体膨胀

4.种皮外翻，种子
变成了爆米花核心

步骤

1 将烤箱预热至 200 华氏度（约 93 摄氏度），再将 1/2 杯玉米粒平铺在烤盘上，烤制 2 小时。（这个过程会形成爆米花吗？如果没有，那是为什么呢？）

2 将另外 1/2 杯玉米粒放在罐子里，然后加入 1 汤匙水。盖上盖子，摇一摇，以便水可以充分浸泡玉米粒。放置一夜，每隔几小时摇一下罐子。（晚上睡觉的时候就不用摇了。）

3 第 2 天，分别用 1/2 杯干玉米粒、1/2 杯湿玉米粒和 1/2 杯未经任何处理的玉米粒做爆米花。用爆米花锅做爆米花的效果最好，但是如果你没有爆米花锅，也可以用带盖子的深锅代替。向锅底加入 3 汤匙菜籽油，加入某份玉米粒样本中的两颗，大火加热至玉米粒爆裂。接着加入该份玉米粒样本中的全部玉米粒，盖上锅盖，小火加热同时摇晃锅体，直到玉米粒停止爆裂。最后将锅移开，用同样的方法做另外两份爆米花。

4 从第 1 组爆米花中取 50 粒放入玻璃杯中，测量爆米花的整体高度。这是测量爆米花体积的一种方法。接着用同样的方法测量另外两组爆米花。对 3 组结果进行对比。哪组爆米花体积最大？哪组最小？

观察

烘干后的玉米粒、潮湿的玉米粒以及未经处理的玉米粒所制成的爆米花体积如何？玉米粒中的水分多少对爆米花的体积大小起关键作用。爆米花生产者会观察生产过程中具体要多少水分。

玉米粒成熟时，水分的含量占到玉米粒体积的 16%—19%，而做爆米花的话，这个比例应该是 13%—14.5%，所以熟玉米粒要晒一晒才能打包售卖。爆米花体积比玉米粒体积的 1.25 倍还要大，它有两种基本形状——蝴蝶状和蘑菇状。（蝴蝶状是最常见的形状，电影院里卖的都是蝴蝶状的爆米花；蘑菇状只出现在"好家伙爆米花[1]"中）当蒸汽温度达到 347 华氏度（175 摄氏度），内部压强是大气压的 9 倍即 135 磅/英寸^2[2]时，玉米粒才会爆裂。这时候种皮会爆裂，内部淀粉会迅速扩张成多孔状，冷却后形成坚硬的内层。

你也可以试着用其他种子做爆米花，或者将昂贵的品牌和廉价的品牌进行对比，也可以试着爆一下有甜味的种子。在锅底倒一点油，加热的时候摇晃种子。我爆甜谷物的时候，得到的是坚硬的谷物粒。还有一种可以爆的种子是苋菜籽，网上可以买到苋菜籽。爆苋菜籽的时候不要加油，做完后用放大镜观察爆裂的苋菜籽。

用微波炉制作的爆米花还适用于其他实验，下一章中会提到这点。

---

① Cracker Jack，一个外国的爆米花品牌。
② Psi（磅/英寸^2）是美国常用的一种计量单位。1 磅/英寸^2=6.895 千帕（kPa）。

第 8 章
微波烹饪

世界上有成千上万的专业食品科学家，他们以研究"可以吃的科学实验"为主要工作。自这本书首次出版以来，这些食品科学家面临的最大挑战之一就是使用微波炉烹饪。

微波是一种自然存在的能量形式，发生在阳光下和其他恒星的光中。微波是一种电磁波，还有很多其他种类的电磁波，比如可见光、X射线、伽马射线以及宇宙射线。

当微波与水分子接触时，水分子的位置会发生改变。微波炉内产生高频率电磁波，其往返振动次数为每秒9.15亿—24.5亿次。水分子也随之运动，而这些移动的水分子会产生热能，用以加热食物。微波直接作用于水分子而不是食物、食物容器或空气，因此食物被加热后，微波炉本身的温度不会有太大变化。食物容器会变热是因为热量从食物传递到了容器。

微波炉内的磁控管通过磁铁使电子在环形通路内高速移动，产生

微波。微波通过波导传入微波炉炉腔顶部，那里有个外形像螺旋桨的
"扇片"，将微波分散至各个方向。微波触到炉腔壁会反弹，理论上讲，
微波均匀分布在整个微波炉中，因此食物受热均匀。但在实际操作中，
微波加热的食物总会有局部高热的现象，因此只有在微波炉内放入 1
个旋转托盘才能保证食物受热均匀。在接下来的实验中，你可以通过
微波加热观察局部高热的位置。

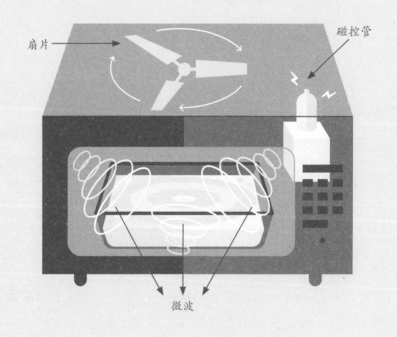

蜂蜜蛋糕
微波局部高热
◗◗◖●◗●

蜂蜜和面粉的混合物在加热条件下会焦糖化，我们以此来观察炉内微波聚集的位置。

材料与器具

- 1 杯蛋糕粉
- 1 茶匙小苏打
- 1 个鸡蛋
- 热敏传真纸

- 1 杯蜂蜜
- 不粘锅喷雾油
- 量杯和量勺
- 1 个碗

- 1 个大勺子
- 1 个 9"[①] × 13" 规格的玻璃烤盘
- 1 个鸡蛋的蛋清

步骤 1 ◖◗●◖●

1 将蛋糕粉和小苏打量好后倒入碗中混合，搅入鸡蛋，然后加入蜂蜜混合均匀。

2 用喷雾油喷洒烤盘，然后将混合面糊倒入烤盘中，把面糊的表面弄平，使其底部完整覆盖在烤盘上。

3 如果微波炉内有转盘，将其取出，然后放入准备的装有面糊的烤盘，将微波炉调至最高档加热 7 分钟。

---

① 这个符号多指英寸。

观察

　　注意观察蛋糕顶部变黄的位置，黄棕色是蛋糕焦糖化的结果，而这些位置都是微波炉内受热较多的区域。只有蛋糕顶部变黄了，还是蛋糕自上而下都有不同位置变黄了？通过这些，你是否能了解蛋糕内部与外部相比受热有何不同？你还可以用炉内的转盘代替玻璃烤盘试一下。这样的设置是如何防止蛋糕加热时局部高热的？

　　微波炉做出来的蛋糕，味道不一定好。微波加热会释放面粉中的小麦蛋白，同时也会在蛋糕底部产生黏性物质。你可以试着改良一下食谱，比如加入一些黄油或者换一种面粉，看看能否改善蛋糕的口感。

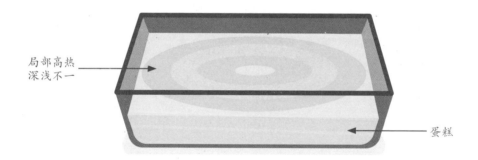

局部高热
深浅不一

蛋糕

步骤 2

　　在托盘上喷洒喷雾油，然后在托盘表面涂一层鸡蛋清。加热烤盘，观察哪部分蛋清最先凝固。蛋清虽然可以食用，但是不如蜂蜜蛋糕美味。注意加热时间不要超过 7 分钟。

步骤 3

　　你还可以用热敏传真纸做实验。用微波炉加热纸片 7 分钟，纸上会显现出局部高热图。（传真纸不能食用。）

煮沸微波加热过的水

在普通烤箱内，热量自外向内传入食物。微波的传热范围约为 1 英寸，因此当你加热 1 个直径为 2 英寸的水杯中的水时，内部的水分子和外围的水分子是同时受热（局部高热点除外）的。这也是微波炉加热方便快捷的原因。

当水分子从表面移动到空气中的速度足够快时，水就会沸腾。水在锅中煮沸时，热源在锅底部，因此底部的水分子比表面的水分子运动得更快。刚开始烧水的时候，底部受热的水分子运动到上部后遇到冷的水分子，会减速运动或停止运动。沸腾则是锅底的水蒸气集结后向上运动到表面。

向微波炉加热过的水中加入一些砂糖，会使其沸腾。

材料与器具

- 1 杯水
- 1/2 茶匙砂糖
- 1 个耐热玻璃量杯
- 量勺若干

步骤

1. 在耐热量杯中加水，用微波炉加热 2 分 30 秒。
2. 取出量杯，立刻加入一些砂糖，不要搅拌。你会观察到，加入糖后的一瞬间水中就有很多小气泡冲到表面。

观察

用微波炉加热水的时候，容器受热均匀。高速运动的分子集中在液体中间，而边缘是冷分子，这种结果也是因为受到了微波炉局部高热的影响。加热时间足够长的话，水在微波炉内也会沸腾。如果你在看到气泡之前就移出杯子，你会发现杯中的水已经达到了沸点，但是还没运动到表面接触空气。加入砂糖后，砂糖微粒周围液体振动形成水蒸气，气泡会迅速浮到水面。很多人用微波炉热咖啡后加入砂糖也会观察到这样的现象。

你也可以煮沸含有冰块的水，秘诀是在装有大量冰块的耐热杯里加入少量的水。微波会使水分子运动，但不能使冻结的水分子运动。在冰被足够的热水融化之前，它们都是固态的。

用微波炉解冻并不会比用其他方法便捷。事实上，在固态汤冻完全化开前，液态汤就会煮沸。用微波炉解冻的过程中，微波时有时无，解冻是靠液态水分子运动产生的热量传递给其周围的固态物质的。

微波保鲜

面包放得时间过长会失去水分，变得干瘪、坚硬。而且，随着时间的推移，面包中的淀粉会重新结晶。这两种过程都会使面包变硬或变味。温度是一个重要的影响因素，面包在低于冰点的温度下会比在室温下更容易变质。因此将面包放入冰箱冷藏非但不能保鲜，还会加速其变质，但冷冻几乎可以完全防止面包变质。你能设计一个实验证明一下吗？

在 140 华氏度（60 摄氏度）的条件下，淀粉结晶会熔化。但是将不新鲜的面包放入烤箱会使其丧失更多水分，面包更加干瘪。不过你可以试试微波炉，在面包上洒一点水，用纸巾包好，加热 5—10 秒，面包会恢复新鲜的状态。

微波使得水分子在食物内移动，并集结在食物表面，这往往使烤制产品的表面黏腻。面包外面的纸巾会吸收多余水分，防止食物变湿。微波加热还会软化脆皮。不要只是听我说，你要亲自试一试。有些用微波炉烤制的蛋糕或者面包表面不会发黄，那是表面的水分给其降温的缘故。

你也可以试试用烤箱保鲜，在面包表面洒水，用锡纸将其包裹起来，加热 3—4 分钟即可。

微波爆米花

微波炉的加热功能是由珀西·斯宾塞博士偶然发现的。珀西·斯宾塞是雷神公司（Raytheon Company）短波电磁能领域的研究员，有一次他去参观为雷达跟踪设备制造磁控管的实验室的时候，发现磁控管的微波熔化了他口袋里的一颗糖。然后他拿一袋爆米花靠近磁控管，爆米花爆裂了。虽然很多雷达工程师早就了解微波可以加热这一属性，但斯宾塞是首先将其运用于加热食品的人。雷神公司也在 1946 年发明出了第一台微波炉，之后关于微波炉的历史，大家就都知道了。

爆米花可以说是利用微波炉的属性发明出来的最成功的食品之一。做爆米花的关键之处，不是玉米粒而是袋子。跟随下面的实验步骤去一探究竟吧。

材料与器具

- 1 包微波爆米花
- 1/2 杯普通玉米粒
- 剪刀
- 蜡纸
- 塑料薄膜
- 1 个量杯
- 2 个大玻璃碗
- 1 把小的尖锐的餐刀
- 隔热垫

步骤

1 将微波爆米花纸袋的一端剪开，然后将爆米花倒在蜡纸上。注意观察，玉米粒是被包裹在一层固态多脂的物质里的。

2 将 1/2 杯微波爆米花放入大玻璃碗底部，顶部用薄膜封口，接着用餐刀在薄膜中间划出一道缝隙以排气。

3 将普通玉米粒放入另一个玻璃碗中，同样用薄膜封口后在顶部留一道缝隙。

4 分别用微波高火加热两个玻璃碗 4 分钟，然后用隔热垫取出玻璃碗，慢慢揭开薄膜。**注意**：杯中有大量蒸汽，揭开薄膜时要注意让手和身体远离开口方向，然后慢慢从边缘撕开，防止烫伤。

观察

数一数每个碗中没能爆裂的玉米粒数量。1/2 杯中大约有 200 个玉米粒，所以你可以根据下面的公式计算未爆率：

（未爆开的爆米花数量 ÷200）×100＝ 未爆率

微波爆米花所含的固态脂肪物质会将微波能量转化为热能，直接传递给玉米粒。脂肪物质使得玉米粒在加热过程中，即使没有受到外力摇晃也可以受热均匀。但是与油锅爆米花相比，微波爆米花中未爆开的玉米粒数量更多，你能设计一个实验验证一下吗？

尽管事先已经有裂开的干玉米粒，微波爆米花中还是会有很多玉米粒未爆开，或者不完全爆裂。

食品工程师研究的一个问题就是：如何降低爆米花的未爆率？

他们发现，这个关键不在于爆米花本身，而在于袋子的设计——热量集中才能爆开更多爆米花。你可以按

照提示，将袋子放在烤箱内，一面朝下，然后在上部中心处剪开口子，由内向外撕开。你会发现，袋子由 3 层组成：最外面是吸油纸，最里面是防油纸，中间一层是嵌有轻铝的聚酯薄膜。金属薄膜会吸收微波并变热，热量集中后由脂肪物质传递给玉米粒。还有一个有意思的事情：隐形轰炸机外面有镶嵌铝的陶瓷材料，可以吸收雷达微波，防止被跟踪。

制作爆米花还需要较大的空间。食物工程师们面临的问题就是，如何使爆米花袋在超市里占有尽量小的空间，又能使其在操作时变得足够大，以保证玉米粒充分爆裂。这一问题的解决方案就是用一种可延展的折皱纸袋。如果容器体积有限，爆米花就不会充分爆裂。你能设计一个实验试试吗？

笔记

第 9 章

微生物

你在清理冰箱的时候是不是总能发现，一些曾经很诱人的美食不仅变成了糊状，还长了毛、有馊味。想一下古人，他们没有冰箱，却也要面对这些问题。你对难闻的食物感到恶心是有原因的——这些食物会让你生病。

烹饪是我们人类祖先试图延缓食物变质的一种方式。浓烈的香料和香草被用来遮盖食物腐败的气味。毫不奇怪，一些味道强烈的香料，比如胡椒粉、红辣椒和咖喱，最先都是在热带地区作为食材使用的，因为食物在气候温暖的地区比在气候严寒的地区更易变质。

但并不是所有的食物变化都令人不快。牛奶可以做成奶酪，葡萄汁可以酿酒，面粉和水发酵后可以烤面包，这些令人愉快的变化同时也衍生出保存食物的方法。奶酪和葡萄酒都可以储存很久；干谷粒在不受潮的情况下可以储存起来，等一段时间后再磨成面粉。在还没有罐头、冷冻或冷藏食品的年代，奶酪、面包和酒是抵御饥荒的良方。

它们是早期文明中最重要的食物之一。

葡萄汁变成葡萄酒的过程叫作发酵，我们也可以将它看成一个煮沸的过程。葡萄汁发酵时，会形成与沸腾液体中的气泡相似的微小气泡，只是葡萄汁未经加热而已。虽然人们早就知道如何酿酒，但直到19世纪中叶，法国一个酒厂发生事故之后，人们才真正了解导致葡萄汁发酵的原因。

当时出现的问题是，一些酒随着存放时间变长会变质。而所有酒都是按照统一步骤酿造的，为什么有些会变质而有些不变质呢？酒厂老板不明缘由，只好请科学家路易斯·巴斯德（1822—1895）协助解决问题。

巴斯德对比了发酵和变质的两种葡萄酒。他发现发酵和变质都是一种生物作用下的结果，而这种生物叫作微生物，只能通过显微镜观察到。将葡萄汁发酵成葡萄酒的微生物是以葡萄中的糖作为食物的，并产生酒精和二氧化碳。而使葡萄酒变质的微生物是以酒精作为食物的，正是这种微生物产生的废物给葡萄酒带来了不好的味道。

巴斯德给出的解决方案是：通过加热分解微生物中的蛋白质，从而达到杀死微生物的目的，但是这个过程的温度不宜过高，防止煮沸葡萄酒（葡萄酒沸点与水接近）。这种方法叫作巴氏灭菌法，至今仍被用来杀死乳制品、啤酒和葡萄酒中的有害微生物。

微生物存在于各个地方——空气、水、土壤以及人体中。对微生物的研究深深影响着人们日常生活的各个方面，比如农业、医药、化工、生物工程以及食物制作与储存等。通过本章的实验，你会了解到微生物是如何在食物中起作用的。

萨利·伦恩面包
酵母活性研究

酵母是单细胞生物，还是蘑菇的远亲。就像很多真菌一样，酵母没有叶绿素，不能为自己提供食物和能量，必须从外界环境中获取。当环境条件恶劣时，酵母变得不活跃，直到条件适宜时才再开始生命活动。

发酵产生的酒精和二氧化碳对酿酒师和面包师至关重要。酿酒师关心酒精，面包师则更喜欢二氧化碳，因为二氧化碳可以使面包更松软。

接下来的实验，我们将会探究酵母活动所需的能量来源，以及其他环境条件——温度和水分，条件越适宜酵母越活跃。

材料与器具

- 1 包干酵母
- 1 汤匙玉米淀粉
- 量杯和量勺若干
- 1 个糖果温度计
- 水加热至 110 华氏度（约 43 摄氏度）
- 1 汤匙玉米糖浆
- 3 个 6 盎司规格的玻璃杯
- 1 汤匙砂糖
- 3 个勺子
- 1 个大锅

步骤

1 将酵母溶解在 1/2 杯 110 华氏度（约 43 摄氏度）的水中，然后将酵母混合物平均分成 3 份，放入不同的玻璃杯中。

2 在第 1 个杯子中加入砂糖，第 2 个杯子中加入玉米糖浆，第 3 个杯子中加入玉米淀粉，然后分别用 3 个勺子将每个杯子中的混合物搅拌均匀。

3 在大锅中倒入足量 110 华氏度（约 43 摄氏度）的水，然后在锅中放入玻璃杯。锅中水量大约至玻璃杯高度的一半（如下图所示）。注意锅中的水不要溅到杯中。锅中水保温的时间要足够长以便让酵母活跃。

4 通过观察每个玻璃杯中气泡的形成速度和气泡的数量了解发酵过程。

观察

酵母的食物叫作底物。实验中哪种底物最先开始发酵？哪种底物发酵过程稳定？你能闻到发酵产生的酒精味道吗？

烤制食品时，酵母将葡萄糖作为主要底物，葡萄糖也是最常用的烤制底物。酵母和葡萄糖接触后，会立刻发酵，而玉米糖浆中有大量葡萄糖。此外，酵母也可以和蔗糖（食用糖）、淀粉发生反应，但是速度会慢一些，因为蔗糖和淀粉要分解为更简单的糖分子才能与酵母反应。你的实验结果能证明这一观点吗？

亲自烤一个面包试试吧。

材料与器具

- 1/2 杯牛奶
- 1 根（1/2 杯）黄油
- 上一个实验中的全部混合物
- 大约 3 杯面粉

- 1 茶匙盐
- 3 个鸡蛋
- 1 个中型炖锅
- 1 个糖果温度计
- 1 个大碗
- 1 个电动搅拌器

- 1 块湿润干净的布
- 1 个 8″×4″×2″ 的面包烤模
- 1 把尖锐的餐刀
- 烤架
- 黄油或烹饪喷雾

步骤

1. 将牛奶和黄油混合放入炖锅中加热至大约 85 华氏度（约 29 摄氏度），不要过热，否则会杀死酵母。

2. 将上个实验中的 3 杯混合物共同倒入 1 个大碗中，然后加入牛奶和黄油的混合物。

3 向液体中加入 1 杯面粉和盐，用搅拌器慢速搅拌。面粉充分打湿后，用适中的速度搅拌 2 分钟，直到形成面筋蛋白。（可以参考 92—94 页了解面筋的形成。）

4 加入鸡蛋，再加入 1 杯面粉，搅拌均匀。最后，加入足够的剩余面粉，做成光滑的面团。

5 用 1 块湿润干净的布盖住碗口，然后将碗放在温室内。面团发起的过程中，在面包烤模内涂黄油（或喷上烹饪喷雾），然后在烤模上撒上一些面粉。可以晃动烤模保证面粉均匀，清理掉多余的面粉。

6 大约 1 小时后，面团发起至 2 倍大。这时揉一下面团，面团为什么如此有弹性呢？检查面团中的气孔，这些气孔是均匀分布的吗？温度越高的地方是不是气孔越大呢？

7 用搅拌器搅拌面团大约 30 秒，然后将面团放在烤模中，用湿布盖在其表面，再次发面至 2 倍大（大约还需 1 小时）。预热烤箱至 325 华氏度（约 163 摄氏度）。

8 烤制面包大约 50 分钟。当面包边缘和模具分离的时候，说明面包已经烤好。用 1 把尖锐的餐刀沿着模具边缘切出面包，然后将面包放在烤架上冷却。萨利·伦恩面包要趁热吃才好哟。

蝴蝶脆饼
抑制酵母活动

发酵时加入一些其他化学物质，会影响发酵过程。下面的实验就是一个示例。

材料与器具

- 1 包干酵母
- 水加热至 110 华氏度（约 43 摄氏度）
- 1/2 茶匙砂糖
- 1/4 茶匙盐
- 1 个糖果温度计
- 量杯和量勺若干
- 3 个完全相同的小玻璃杯
- 3 个勺子
- 1 个大锅

步骤

1 用 1 杯 110 华氏度（约 43 摄氏度）的水溶解酵母，然后将酵母溶液平均分成 3 份，倒入 3 个玻璃杯中。

2 第 1 个杯子中放入 1/4 茶匙砂糖；第 2 个杯子中放入另外 1/4 茶匙砂糖和盐；第 3 个杯子中不加入任何物质，作为对照。分别用不同的勺子搅拌 3 个杯子中的溶液。

3 就像前面的实验一样，准备一锅温水。然后将 3 个不同的玻璃杯放入温水中，观察发酵活动。

观察

哪个玻璃杯中的反应最明显？哪个最不明显？盐会抑制酵母活动吗？你如何解释？

你可以自制蝴蝶脆饼。

材料与器具

- 之前实验的酵母混合物
- 4½ 杯面粉
- 菜籽油
- 1 个小碗
- 1 个打匀的蛋黄
- 1 汤匙水
- 粗盐（犹太盐）
- 2 个大碗
- 1 根搅拌棒或者叉子
- 1 个大勺子
- 1 块湿润干净的布
- 1 个饼干烤盘
- 1 个糕点刷

步骤

1 将前面实验的剩余物放在 1 个大碗中，再加入 4—4.5 杯面粉，搅拌形成面团。

2 将面团放在撒了面粉的案板上约揉 8 分钟。揉面会使面产生面筋蛋白，这是支撑蝴蝶脆饼的唯一蛋白质（与萨利·伦恩面包中的牛奶和鸡蛋的作用相同）。揉的过程中，一只手握住面团，另一只手不时撒一点面粉在案板上，防止面团与案板粘连。将面团从外侧向靠近自己的一侧折叠后按压，然后将面团转动 1/4 圈，重复操作。最后将面团揉至不再粘连案板，表面光滑有弹性。

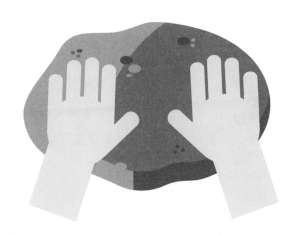

3 在 1 个大碗中涂油，放入揉好的面团，然后翻动面团，使其微微沾油。（面团上沾一点油不容易变干。）在碗上面盖块湿布，等待面团发至 2 倍大。

4 发面的时候，在饼干烤盘上涂油，然后开始准备鸡蛋混合物：在小碗中打入鸡蛋，加水后用搅拌棒或叉子搅拌。

5 当面团发好后，用拳头压一压，然后将大面团揪成一个个小面团，再分别将其搓成长条，弯成蝴蝶脆饼的形状，放在烤盘上。你也可以做成其他的形状。

6 用糕点刷在每个蝴蝶脆饼表面刷

一点蛋黄混合物，再撒一点粗盐。

7 预热烤箱至 475 华氏度（约 246 摄氏度）。把蝴蝶脆饼放在温暖的地方，再次发至 2 倍大。然后将其烤制 10 分钟，或者脆饼表面呈金黄色。

对比酸奶发酵

细菌也是一种单细胞生物，但比酵母要小一些。有的细菌也要从周围的环境中获取食物，而且它们可以从很多种物质中汲取养分。这些物质中有些甚至对人类来说不是食物，比如橡胶和石油。本次实验中的细菌来自牛奶。

牛奶中有很多物质，比如水、蛋白质、脂肪和一种来自哺乳动物乳汁中的糖——乳糖。某些细菌以乳糖为食，并释放出乳酸作为废物。

乳酸菌在生长的过程中会产生越来越多的乳酸，导致牛奶变酸。除了味道上的变化，牛奶的质地也会因为蛋白质的变性而变得黏稠。这种发酵奶被称为酸奶。酸奶质地厚重、黏稠，呈奶油状。

冻酸奶是一道人见人爱的甜点，但是最初的冻酸奶就只是将酸奶冻起来而已，也不用于售卖，因为人们不喜欢吃酸奶冰激凌。现在市面上的冻酸奶，在加工过程中用了不同的细菌。你也可以在家自制酸奶，尝试用不同的培养基，看看到底有什么区别。

在家做酸奶的步骤很简单。下面的实验给乳酸菌创造了很好的发酵环境，按照步骤做，你一定可以做出美味的酸奶。

材料与器具

- 1/2 加仑 [①] 脱脂乳
- 1/2 杯商店买的原味酸奶
- 1 杯化开的香草味冻酸奶
- 1 个炖锅
- 1 个糖果温度计
- 量杯
- 2 个中碗
- 2 个 1½ 夸脱规格的带盖子的玻璃杯
- 2 个勺子
- 标签
- 1 支笔
- 2 块餐巾
- 1 个绝缘冷却器

步骤

1. 小火加热锅中牛奶，使其温度达到 160 华氏度（约 71 摄氏度）。这是为了杀死牛奶中的任何可能导致牛奶变质的细菌，以便做酸奶。最后冷却牛奶至 110 华氏度（约 43 摄氏度）。

2. 将原味酸奶和 1 杯热牛奶混合倒入一个碗中，然后将融化后的冻酸奶和 1 杯热牛奶倒入另一个碗中，最后将剩余的牛奶平均分成两份倒入两个玻璃杯中。

3. 将两份含有酸奶的培养基倒入两份牛奶中，并分别贴好标签，区分原味酸奶培养基和冻酸奶培养基。

---

① 英美制容量或容积的单位，英制 1 加仑 ≈ 4.546 升，美制 1 加仑 ≈ 3.785 升。

4 用餐巾盖好瓶口，将两瓶混合物放入冷却器中。冷却器封口，静置大约 6 小时。当你倾斜玻璃杯，酸奶会以块状整体移动的时候，说明酸奶已经制好了。封口后将酸奶放入冰箱冷藏，防止细菌继续滋生。

观察

哪个培养基中的酸奶最先形成？哪种酸奶更酸？二者相比浓度如何？比较一下最初两种酸奶的包装配料表，哪种的原料更多？原味酸奶中的细菌是嗜酸乳杆菌。冻酸奶包装上可能不会标注其中的微生物，但一般是由嗜热链球菌和保加利亚乳杆菌按照某种比例混合而成的。

因为你为乳酸菌创造了保持活跃的最佳条件，所以你做出的酸奶会非常好吃。你可以尝试在不同的温度下做酸奶，还可以尝试用新鲜全脂奶、炼乳以及奶粉做酸奶。试试在牛奶里加糖，看看会发生什么反应。用不同品牌的酸奶作为培养基，产生的结果会有什么不同？另外，你还可以从药店买复方嗜酸乳杆菌片作为培养基。你能做出多少种不同的酸奶？（你可以用自己做好的酸奶作为另一种酸奶的培养基。）用红甘蓝指示剂（参考 18—21 页）检验培养基生长时的酸度变化。

你可以在酸奶中加入新鲜水果、蜜饯、蜂蜜、枫糖或者少量浓缩橙汁，味道会更好。

酸性稀奶油

用乳酸菌还可以做另一个实验。这类一般呈杆状的微生物通常以一种不活跃或者"潜伏"的状态飘浮在空气中，它们遇到牛奶后会变得活跃起来，并以牛奶中的糖为食。细菌就算"吃"很多也不会"发胖"，反而会进行分裂——1个细胞一分为二，数量增加。在本次实验中，你将会用两种不同的培养基混合多脂奶油，最终得到一种黏稠、厚重且略带酸味的奶油。这种奶油的味道非常好，被人称为法式鲜奶油。

材料与器具

- 1 品脱多脂奶油
- 1 茶匙发酵的脱脂乳
- 1 茶匙酸奶油
- 2 个 1—2 杯规格、带盖子的干净的罐子（花生酱罐也不错）
- 量杯和量勺若干
- 勺子若干

步骤

1 向两个罐子中分别加入 1 杯（半品脱）多脂奶油，再分别加入脱脂乳和酸奶油，然后分别用两个勺子搅拌。（酸奶油会有结块，较粗糙，搅拌便于其与其他原料融合。）可以品尝勺子上的味道，但是要注意，品尝过的勺子不要放回罐子中。任何手、口接触过的物品都不要与奶油混合物接触，否则会滋生其他细菌。

2 轻轻拧紧瓶盖，将其放置在温暖的地方（洗碗机顶部或者其他会发热的器材周围都可以）过夜。16—36 小时之后，奶油会变得非常厚重，难以倒出。人们也是靠奶油的厚重程度来判断法式鲜奶油是否制好的。

观察

哪一种奶油更光滑？哪一种更酸？不同的培养基会使奶油呈现不同的味道，你可能会偏爱某一种，比如我就很喜欢脱脂乳培养基。

做好之后冷藏起来，1 周内食用。法式鲜奶油中加入一些水果或者糖，味道会更好。你也可以试着在里面加一些香蕉片、红糖、肉桂、即食麦片或其他谷类制品。

更多研究

自制法式鲜奶油，也可以用酸奶做培养基，将 1 茶匙原味酸奶放入多脂奶油中混合即可。另外，你还可以尝试用酵母做培养基。将 1/4 茶匙活性干酵母和 1 汤匙温牛奶混合，然后将混合物倒入 1 杯多脂奶油中。搅拌后，将杯子盖好盖子密封，然后置于温暖处存放，至奶油变厚。用酸奶和酵母做的奶油味道如何呢？

重复上述操作，检测温度对细菌活动的影响。用单一品种的培养基，比如只放发酵的脱脂乳或者酸奶。设置 3 组进行对比：第 1 组放入冰箱冷藏；第 2 组先在锅中煮沸，之后冷却至室温；第 3 组保持室温，静置一夜。这样你能明白，为什么发酵后的奶制品都要冷藏储存了吧？煮沸会对乳酸菌产生什么影响？你可以将培养基先煮沸，再将其混合到另一份新的奶油中，这样你还能做成法式鲜奶油吗？

茅屋奶酪
全脂牛奶与脱脂牛奶

奶酪的主要成分就是非脂乳固体、蛋白质和脂肪。有很多方法可以将非脂乳固体与水分分开。你可以加入含酸物质，比如柠檬汁或者醋；还可以加入酶，比如凝乳酶（从小牛胃里提取的凝乳蛋白）。奶酪可用于做一种婴儿食品——乳酥。你可以从网上买凝乳酶片，也可以用乳酸菌培养基做成。牛奶制成奶酪的过程中，乳蛋白会凝固形成凝乳，与牛奶中的水分或者乳清分开。茅屋奶酪是一种很好做的奶酪。

健身的人都喜欢茅屋奶酪，因为茅屋奶酪大部分是用脱脂牛奶做成的，几乎不含乳脂。在接下来的实验中，你会对比用脱脂牛奶做成的与用全脂牛奶做成的茅屋奶酪。接着，你要回答一个问题：乳脂会影响奶酪的质地和味道吗？

注意：任何关于做奶酪的实验都存在一个风险，即混合物还没做好就变质了。这是实验器材不干净，或者实验温度过高导致的。如果你的奶酪不好闻或者看上去变质了，**千万不要吃。**

材料与器具

- 1/2 加仑脱脂牛奶
- 1/2 加仑全脂牛奶
- 发酵的脱脂乳
- 2 个大玻璃碗或瓷碗或不锈钢锅（不要用铝锅或铁锅）
- 量勺若干

- 勺子若干
- 塑料薄膜
- 1 把餐刀
- 1 个非常大的锅和 1 个不锈钢小锅（保证小锅可以放在大锅里）
- 1 个糖果温度计

- 1 个滤锅
- 粗棉布
- 2 个小碗
- 2 个小玻璃杯
- 多脂奶油或法式鲜奶油（可选）

步骤

1 将盒装牛奶静置几小时，不要冷藏，保持室温。将脱脂牛奶和全脂牛奶分别倒入两个碗中，再各加入 3 汤匙发酵的脱脂乳，搅拌均匀。用塑料膜将其封口后，放在温暖处，静置一夜。

2 第二天，牛奶会凝结，或者变成软冻。（根据你在 163—165 页"酸性稀奶油"中的实验经验，你能解释一下为什么牛奶会凝结吗？）当乳清在容器边缘聚集时，即可进入下一步。如果乳清还没有聚集，说明时机还未成熟，请再耐心等一等。

3 将凝乳切成 1 英寸的薄片，然后沿着一个方向一片片切下，再按照十字交叉的手法，切出形状相似的小立方体。

4 再次凝固块状凝乳，使其与乳清分离。将混合物缓慢加热至 100 华氏度（约 38 摄氏度，混合物摸起来温热即可）。如果加热过快，或温度过高，凝乳块会变硬。将 1 个装有凝乳块的碗放入装有热水的锅里。（如果锅里放不下碗，或者碗不耐热，

可以轻轻将凝乳和乳清倒入不锈钢小锅里，然后将小锅放入加
有热水的大锅中。）用小火加热，不时搅拌。加热大约 30 分钟，
直至牛奶摸起来暖暖的。

5 将凝乳和乳清从火上移开，冷却大约 20 分钟。同时，用另一
份牛奶重复上述步骤。

6 从第 1 份混合物中取出 1/4 杯乳清，倒入小玻璃杯中备用。在
滤锅中放置两层粗棉布，然后将剩余混合物倒入锅中沥干。不
时取下粗棉布，抖动使乳清流出。拎住粗棉布的几个角，挤出
剩下的乳清。将滤出的凝乳放入 1 个小碗中。（你也可以在可
以喝的冷水中用粗棉布漂洗凝乳，不过我认为没有必要。）用
另一份凝乳重复以上操作。

观察

分别品尝两份乳清的味道，它们在外形和味道上有区别吗？分别
品尝两份凝乳的味道，哪一份更嫩？（衡量茅屋奶酪的一个标准就是
凝乳的鲜嫩程度。）加入发酵的脱脂乳会让凝乳更鲜嫩吗？

在凝乳上加一点盐，或加入多脂奶油（或之前实验中做的法式鲜
奶油），然后尝一尝。不吃的时候可以将奶酪冷藏起来，茅屋奶酪很容
易变质，两三天之内一定要吃完。

更多研究

设计一个实验，探究凝乳被加热到 100 华氏度（约 38 摄氏度）时
会发生什么。

你可以用发酵的脱脂乳做茅屋奶酪，也可以用不同的发酵培养基，

比如酸奶和商场卖的茅屋奶酪，还可以用加入添加了柠檬汁或者醋之后凝结的牛奶。肉品嫩滑剂（实际上是一种叫木瓜蛋白酶的酶）也可以使牛奶凝结，尝试用这种酶做一下吧。凝乳酶通常用于制作可售卖的茅屋奶酪，你可以从网上买到然后自制奶酪。

笔记

第 10 章

酶与激素

1897 年，德国化学家爱德华·布希纳从酵母细胞中提取出酵母精，他将酵母精加入葡萄汁中，惊奇地发现葡萄汁竟然发酵了。人们首次发现，葡萄糖可以不利用活细胞转化成酒精和二氧化碳。布希纳提取的物质中影响发酵的物质叫作酶，其希腊词根的含义是"含有酵母的"。

如今我们认为酶是控制生命体中各种化学反应的分子。当你仔细观察生物体内发生的反应时，你会发现酶十分重要。食物在人体内的氧化反应和在量热器内的化学反应有很大不同。举个例子，1 块 300 卡路里热量的巧克力蛋糕，能使 1 个 100 磅重的人体温升高到 118 华氏度（约 48 摄氏度）[1]，这温度足以让人死亡。而在人体内，食物会和很

① 我是这样计算的：1 个 100 磅的人大约重 45 公斤，其中 60%，也就是 27 公斤，是水。300 卡路里的食物热量会使 27 公斤水的温度升高约 19 华氏度。加上正常体温（98.6 华氏度），就是约 118 华氏度。

多物质结合，产生一系列的化学反应，每次只会释放一小部分能量。以可控的方式从氧化中释放热量意味着食物氧化产生的热量会被暂时储存起来，之后用于很多活动，比如运动、消化、受损组织修复、环境感知等。没有酶，地球上就没有生命。

凝乳冻
酶的作用

消化牛奶的第一步是先使牛奶变性或凝结。如果牛奶一直保持液体状态，胃部开始消化前，牛奶就已经流出，这样我们的胃就来不及消化。因此在人体中牛奶要先凝结，再消化。

很多方法都可以使蛋白质变性，包括加热和加入酸（参考第 5 章）。在哺乳动物的胃中，乳蛋白会在一种叫作高血压蛋白原酶（在商业上又称凝乳酶）的酶的作用下变性。

人们通常从小牛的胃中提取凝乳酶，作为商用。但是如今你可以从网上买到从蔬菜中提取的凝乳酶片。凝乳酶片可用于做茅屋奶酪或者增稠牛奶甜品。接下来的实验将会通过改变条件，向你展示酶的特性。

材料与器具

- 3 茶匙水
- 6 茶匙砂糖
- 香草精
- 量杯和量勺若干
- 植物中提取的液态凝乳酶
- 3 个透明模具杯（6 盎司规格）
- 胶带纸
- 1 支钢笔或者记号笔
- 1½ 杯全脂牛奶
- 1 个勺子
- 1 个炖锅
- 1 个糖果温度计

步骤

1. 向 3 个杯子中各加入 1 茶匙水和 1 滴凝乳酶，然后搅拌。用胶带纸做好标记："冷的"、"110 华氏度"和"160 华氏度"。

2. 将 1/2 杯冷牛奶倒入量杯中，然后加入 2 茶匙砂糖和少量香草精，搅拌均匀。接着将混合物倒入贴有"冷的"标签的杯中，充分搅拌。

3. 再准备 1/2 杯牛奶、2 茶匙砂糖和香草精的混合物，将混合物倒入锅中加热至 110 华氏度（约 43 摄氏度），然后倒入标有"110 华氏度"标签的杯中，充分搅拌。

4. 再按上述步骤 3 准备 1 份混合物，加热至 160 华氏度（约 71 摄氏度），并倒入标有"160 华氏度"标签的杯中，搅拌均匀。之后静置混合物，直到混合物凝固（如果混合物会凝固的话）。

观察

哪个杯中的混合物成形最快？哪个杯中的混合物不会成形？这能否说明酶都是蛋白质？（提示：蛋白质被高温加热时，会发生什么变

173

化？）通过这个实验，你是否对化学反应所需的酶的数量有所了解？可以试着加入两滴凝乳酶，看是否和上面的实验结果一样。

你还可以通过实验检测凝乳酶是否会对其他蛋白质起作用，可以用豆奶、脱脂牛奶、杏仁奶、脱脂奶粉或者淡炼乳代替牛奶。假设你通过另一种方式使牛奶变性，比如煮牛奶。将煮沸的牛奶冷却至110华氏度（约43摄氏度），之后再加入凝乳酶。你的实验结果能否证明一个观点，即凝乳酶和其他酶一样，只能控制一种化学反应——使蛋白质变性？

切苹果

猕猴桃可抗氧化

之前在学习维生素 C 水果沙拉（第 6 章，110—112 页）的时候，我们了解到水果氧化比普通的氧化反应更复杂：有一种叫作多酚氧化酶的物质参与其中，这种酶促使细胞中的化合物与氧气发生反应，变成棕色或灰色。这种反应类似于人的皮肤在阳光下会变黑。当细胞完整时，酶和组织中的化合物（酚类化合物）不会接触，也不发生反应。而如果你切开 1 个苹果，酶会被氧气激活，催化酚类化合物的氧化。

有什么办法可以阻止或减缓由酶催化的氧化反应呢？跟随下面的实验步骤试一试吧。

材料与器具

- 1 个猕猴桃
- 1 个削皮刀
- 剪刀
- 1 个苹果
- 1 块新海绵

步骤

1. 将猕猴桃削皮，切成薄片。
2. 将海绵切成与猕猴桃片同样的大小。
3. 将苹果切成两半，在其中一半的横切面上放 1 片猕猴桃，另一半的横切面上放 1 片海绵。

4. 等待至少 1 小时，或者等苹果表面被氧化后，移走海绵和猕猴桃片。

观察

猕猴桃片和海绵片下面的苹果都分别发生了什么变化？海绵的意义在于阻断了苹果与空气接触，这种阻断减缓了苹果的被氧化速度吗？而在猕猴桃中，似乎的确有某种物质可以抗氧化。在柠檬中，这种物质叫作维生素 C，也叫作抗坏血酸。猕猴桃中也含有这种物质。你可能想对比一下猕猴桃、柠檬以及维生素 C 溶液是如何减缓苹果的被氧化速度的。设计一个实验来证明一下吧。

菠萝果冻

加热对酶的影响

你注意过吗？果冻的包装袋上都会写上这类话语——"不要加入菠萝"。这个提示刚好就是我们本次实验的切入点。新鲜的菠萝中含有一种酶，叫作菠萝蛋白酶，可以分解蛋白质。明胶甜点含有蛋白质，而菠萝中的菠萝蛋白酶会分解蛋白质，使明胶甜点不能凝胶化。酶本身也是蛋白质，因此加热可以使酶变性，使其变得不活跃。跟随下面的实验来看一看加热对酶的影响。

材料与器具

- 1 个成熟的、新鲜的菠萝
- 6 个透明塑料杯
- 1 个碗
- 水
- 1 个记号笔
- 量杯和量勺
- 1 包 Jell-O 果冻[①]
- 1 个盘子
  - 若干
- 1 把尖锐的大餐刀
- 1 个小锅

步骤

1 在成年人的帮助下，将菠萝切成 4 块。取其中一块，去掉核和

---

① 一种需要购买者将其中的果味粉末兑水形成溶液，再加入明胶混合，最后经冷藏成形的果冻。

硬皮，切成适合直接食用的小丁，大小一致。

2 将对菠萝进行不同时长的加热。将两块生菠萝丁放入 1 个塑料杯中，标记"生菠萝"，作为对照组。分别标记其他几组为"10 秒""30 秒""1 分钟""2 分钟""煮沸"。

3 将 8 块菠萝丁放入微波炉，开始高温加热。10 秒后，取出 2 块，放入标有"10 秒"的杯中。继续加热剩余的菠萝丁 20 秒，取出 2 块，放入标有"30 秒"的杯中。接着加热剩余的菠萝丁 30 秒，取出 2 块，放入标有"1 分钟"的杯中。将剩余的 2 块继续加热 1 分钟后取出，放入标有"2 分钟"的杯中。

4 取 2 块生菠萝放入锅中，加入水，煮 5 分钟。过滤干净后，将菠萝放入标记"煮沸"的杯中。

5 按照包装袋上的说明混合果冻，然后分别向每个杯中加入 4 汤匙液体果冻，将它们放入冰箱冷藏。

观察

哪个杯中形成了凝胶？你的实验结果能否证明一个观点：高温不足以"杀死"酶？酶暴露在高温环境中的时间长短是否也会影响实验结果？

其他水果中也含有可以分解蛋白质的酶，用果冻设计实验证明一下吧。后面的实验也会给你一些提示。

烤牛排

酸、碱和酶的反应

这是个非常大胆的实验，也是我最喜欢的一个。《科学美国人》①杂志的科学家们也对这个实验赞不绝口。谁不喜欢被表扬呢！

木瓜蛋白酶是从一种热带水果——番木瓜中提取的酶，它是在动植物中发现的几种可以分解蛋白质的酶之一。因此，木瓜蛋白酶被当作肉品嫩化剂出售。

本次实验主要回答以下两个问题：

- 加入木瓜蛋白酶的肉会更嫩滑吗？
- 酸或者碱会影响木瓜蛋白酶的活性吗？

在解决这两个问题之前，我们先要找到测量肉质嫩滑度的方法。这就是科学创新的地方。如果仅仅用餐刀切开肉，用叉子插入肉中，靠感受手的力度测量，这个方法太主观，而且不准确。于是我想了另一个办法——请朋友试吃我的实验品，但不提前告诉他我正在做实验。我会根据他咀嚼的次数判断肉质的嫩滑度。在吞咽动作之前，咀嚼的次数越少，说明肉质的嫩滑度越好。当然，这也不是测量肉质嫩滑度的精确方法。即使两片肉用同样的方法准备，也会有很多其他因素影响咀嚼次数。比如肉块的大小，是否有软骨，味道如何，试吃者口腔

---

① *Scientific American magazine*，一本美国的科普杂志。

内的潮湿程度，试吃者的主观期待，以及试吃者是否饥饿，等等。

因为失误的概率很大，因此本实验的步骤是这本书里最详细的。你要非常认真，尽量避免失误，还要学会使用统计学的方法统计数据。统计学是数学的一门分支学科，指用数学的方法，统计不同变量下的数据，揭示真相。

材料与器具

- 3/4 磅牛排肉（挑牛肉的时候，要选血丝分布均匀，软骨和脂肪很少并且厚度均匀的）
- 水
- 3/4 茶匙肉质嫩滑剂
- 醋
- 小苏打

- 1 把尖锐的餐刀
- 1 个案板
- 6 个小碗
- 指示卡
- 纸和笔
- 5 个果汁玻璃杯
- 量勺若干
- 5 个勺子
- 剪刀

- 1 个烤盘
- 6 个盘子
- 1 个带盖子的盆
- 1 把叉子
- 桌面小屏风或者眼罩
- 1 个十分饥饿的朋友（他对你的实验并不知情，等你准备好后再叫他）

步骤

1 去掉牛肉上面的脂肪和软骨，将它切成 3/4 英寸的小块，尽量让这些小块大小一致。用叉子插入每个小块中两次（保证之后的溶液可以浸透肉块），然后将所有肉块堆在一起。

2 把 6 个小碗排成一排，然后将肉块平均分到 6 个碗中，尽量保证每个碗中的肉丁数量一致。（如果还有多余的肉，可以再设置 1 个对照组。）在每个碗后面放 1 张折叠的指示卡，编号为 1—6。

3 在 1—5 号碗前面各放 1 个果汁玻璃杯，然后向每个杯子里放入两汤匙水，在 6 号碗中直接加入两汤匙水。

4 1 号、2 号、3 号玻璃杯中分别加入 1/4 茶匙肉质嫩滑剂。

5 2 号和 4 号玻璃杯中加入 1/2 茶匙醋。

6 3 号和 5 号玻璃杯中加入 1/2 茶匙小苏打。

7 好了，你准备的溶液配制如下：

1 号：肉质嫩滑剂和水

2 号：肉质嫩滑剂、酸和水

3 号：肉质嫩滑剂、碱和水

4 号：酸和水

5 号：碱和水

6 号：水

分别用不同的勺子搅拌溶液，然后将溶液浇到牛肉上面，使牛肉充分浸泡。

1/4 茶匙肉质嫩滑剂、2 汤匙水

1/4 茶匙肉质嫩滑剂、半茶匙醋、2 汤匙水

1/4茶匙肉质嫩滑剂、半茶匙小苏打、
2汤匙水

半茶匙醋、2汤匙水

半茶匙小苏打、2汤匙水

2汤匙水

8 将烤箱预热至400华氏度（约204摄氏度），牛肉浸泡和烤箱预热的同时，你可以先做下面的步骤。

9 不同组的咀嚼顺序也会影响实验结果，降低误差的最好方式就是随机排序。有一种方法可以随机排列序号：

A. 将指示卡剪成与牛肉块总数相同的小卡片，比如每个组有10块牛肉，一共6个组，那么你需要剪60个小卡片。

B. 根据每个组牛肉块的数量，在等量小卡片上标明组号。比如1号有10块牛肉，就在10个小卡片上标记数字1。用同样的方法标记数字2，3，4，5和6。

C. 将所有小卡片放入1个大罐中，盖上盖混合均匀后，依次取出 1 张，并记录编号，最后得出一个顺序，类似 4，4，6，6，6，2，1，1，3，5，6，4 等。

10 得到数字顺序后，将牛肉块滤出，分组放入烤盘中。牛肉之间隔开一定距离，以便受热均匀。依照每组的序号放置，防止烤制后牛肉乱序。最后烤制 15 分钟。

11 烤制牛肉的时候，准备 1 张纸记录数据，可以参考下面的模板。

用叉子按压牛肉感受是否已经烤熟，烤熟的牛肉应该坚韧有弹性。半熟的牛肉更柔软，因为蛋白质还没有受热变硬。

不同组的咀嚼数据

组号	1	2	3	4	5	6

平均数

12 将烤好的牛肉分别放入不同的盘子，按照编号放置对应的指示卡。在桌面放 1 个小屏风，这样朋友就不会看到你的设置。或者，你可以给朋友戴个眼罩。

13 请朋友到指定地点坐好，然后对他说："我会请你吃一些牛排。我在检测不同牛排的嫩滑度。请在你咽下之前记住自己嚼了多少下，尽量自然咀嚼。"

14 你的随机数表决定了朋友品尝牛肉的顺序。最开始的是 4，4，6，你就按照这个顺序分别从 4 号、4 号、6 号中各取出 1 块给朋友品尝。

15 在对应栏中记录下咀嚼的次数。品尝完毕后，算出每个序号的平均咀嚼次数。

观察

加入肉质嫩滑剂会使牛肉变得嫩滑吗？（对比 1 号和 6 号的平均数）酸或者碱会影响牛肉嫩滑度吗？（将 4 号、5 号分别与 6 号对比）酸会影响酶产生化学反应吗？（对比 1 号和 2 号）碱会影响酶产生化学反应吗？（对比 1 号和 3 号）

我们学习的知识是很多科学家共同努力的结果，他们通过一次又一次的实验，向人们揭示真理。我很乐于将本次的实验结果与你分享，这次实验具有先锋意义——每个步骤都进展顺利并且得到了一些有趣的结果。你列的数字可能与此有所不同，但是实验结果应该是一样的。

你也可以用同样的实验方法检测其他物质，比如你可以将本实验中的酸替换成维生素 C。你也可以用其他种类的肉，还可以探究酶是否对肉类有其他作用，比如能否使其变得多汁。你可能会发现，使用另一种肉，比如牛肉饼，对研究这种酶对多汁性的影响很有用。你还可以做实验，探究加热是否会导致酶变性，观察加热过的酶和未经加热的酶对同一种溶液的反应是否相同。

不同组的咀嚼数据

组号	1	2	3	4	5	6
	26	42	25	54	44	45
	35	33	28	53	22	29
	29	25	20	48	27	54
	32	35	18	30	47	37
						60
平均数	30.5	33.75	22.75	46.25	35.0	45.0

催熟激素

随着香蕉成熟，香蕉果皮中的叶绿素会被分解并消失。而胡萝卜素和黄酮这些黄色色素则会显现出来。香蕉的果肉也会发生化学变化：淀粉转化成糖，果胶（未成熟的水果中所含的一种化合物）分解，果肉软化。

材料与器具

- 7 个青香蕉
- 1 个熟透的香蕉
- 1 个塑料袋和封口夹
- 2 个小牛皮纸袋（午餐袋大小）
- 保鲜膜

步骤

将准备好的香蕉按照如下放置：

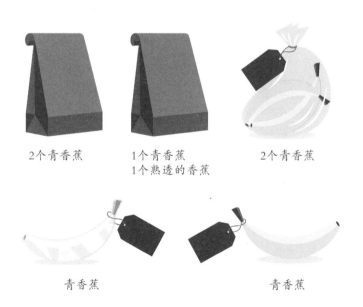

2个青香蕉

1个青香蕉
1个熟透的香蕉

2个青香蕉

青香蕉

青香蕉

1 在纸袋中放入 2 个青香蕉，将袋内空气排出后封好袋口。

2 在另一个纸袋中放入 1 个青香蕉和 1 个熟透的香蕉，封好袋口。

3 在塑料袋中放入 2 个青香蕉，拧紧袋口，用绳子系好。

4 用几层保鲜膜包紧 1 个青香蕉，确保两端包裹严密。

5 留 1 个青香蕉暴露在空气中。

6 放置 4—5 天后，观察香蕉的颜色变化，在这期间不要打开任何包装袋。观察各个香蕉，哪个仍然是青色？哪个几乎变黄了？哪个上面斑点最多？你可以吃掉已经熟了的香蕉，也可以将其再放置 1 天，观察实验变化。

观察

哪个香蕉成熟最快？哪个香蕉最先变黄？熟透了的香蕉会对青香蕉产生影响吗？是否有证据证明，成熟的水果会影响周围环境？

成熟的水果会"呼吸"——吸收氧气，释放二氧化碳。氧气在水果成熟的化学反应中十分重要。此外，成熟的水果还会释放一种叫作乙烯的气体。乙烯不只是水果成熟的产物，也会进一步催熟水果。正因如此，乙烯又被称为"催熟激素"。（生物产生的一些刺激细胞发生变化的物质，叫作激素。）

牛皮纸袋本可以用来封存乙烯，但是纸袋多孔，氧气（和乙烯）可以自由进出，而氧气和乙烯都不能穿透塑料袋。在本次实验中，与熟香蕉一起放在纸袋中的青香蕉最先成熟。（你能解释原因吗？）在纸袋中的青香蕉比在塑料袋中的青香蕉成熟得快。暴露在空气中的香蕉有无限的氧气供应，所以它会最先氧化，而且这个香蕉接触桌面的部位会最先成熟，因为该部位最易接触到其自身产生的乙烯。用保鲜膜包裹的香蕉因为接触不到氧气，成熟最慢（但是如果包得不严实，里面还有空气残留，那这个香蕉将会是最先成熟的。你知道原因吗？）现在你知道了吧，超市里的香蕉都用保鲜膜包裹，是有原因的。

更多研究

柑橘类水果（柠檬、橘子等）外面长出的绿色霉菌会释放出很多乙烯。1个发霉的柠檬可以催熟500个青柠檬。如果你发现1个发霉的柠檬，一定要记得检测一下它对未成熟的水果的"奇效"，把它和未成熟的水果（梨、李子、桃、鳄梨等）放在1个纸袋里即可。

你可能听过一个老说法，"一粒老鼠屎，坏了一锅粥"，你是不是能解释这句话的原理了？

第11章

你一定会吃的"科学实验"

史前文明中，人类靠打猎收集可食用的植物（包括坚果）来维持生存。食物存储是个问题。除坚果外，未经处理的新鲜食物很容易被昆虫吃掉或者在细菌等微生物的作用下发霉、变质，最后不能为人所食用，即便还可以食用，味道也会变得非常差。人们天生会对变质的食物产生抵触，这是因为变质的食物会使人生病。经过不断的探索与实验，人类最终学会了储存食物的方法。

当你走在超市的通道里，手边货架上的东西其实都是科学实验的结果。我们学会了储存食物的方法，大部分罐装食品可以保存5年，真空包装的食品可以保存10—12年。在超市里，你可以买到新鲜的产品，比如奶制品、肉和熟食，而这些都是易腐烂的食物。几乎所有超市都会有这些基本的分类。

但是目前大型食品加工厂除储存食物的工作外，还有很多其他业务。这些工厂还会生产多种多样、数量惊人的产品，比如包装起来的主食、谷物、零食、饮料、甜点，许多精心设计的十分诱人的产品，让人欲罢不能。食品生产商会使用很多添加剂去给食物漂白、塑性、提鲜，或者利用添加剂使食物变得黏稠、坚硬、清澈、蓬松。添加剂还可以让食品保持干燥、潮湿、松脆、有嚼劲，甚至能帮助产品改善外观。添加剂让食物食用起来更便捷，营养物质更丰富，储存时间更长久，也更具吸引力，帮助食品生产商提高了销量、增加了利润。但是我们再仔细研究一下这些食品，它们之中有些可能会导致肥胖。许多情况下，科学已经被用来让你"迷上"某种食物，以致你过度食用它而忽视了健康饮食。人在幼年时吃过多的垃圾食品，长大后就容易患某些病症。

在本章我会告诉你，在加工食品这一方面，科学对人类有利也有弊。首先我们要探讨一下食物保存背后的科学道理。

牛肉干
除湿与干腌

水分是微生物生存的必要条件，因此减缓或阻止食物腐烂的一个途径就是移除水分。印第安人将牛肉置于阳光下风干，他们可能并不知道这种方法的原理是创造了一个对微生物不利的条件，但是他们可以确定，风干的肉（西班牙语是 jerky，意思是肉干）存放的时间更长。而且风干的肉质量更轻，也方便人们在旅途中携带。

你可以在室温条件下放置 1 块鲜肉和肉干，看看哪个更容易变质。结果可想而知。另外，变质的肉就不能食用了哟。还有一系列有趣的科学问题：牛肉除湿时，是放在空气中还是用烤箱呢？盐会对除湿的过程有作用吗？做实验来一探究竟吧。

材料与器具

- 1 磅侧翼牛排
- 1 个案板
- 盐（尽量用粗盐）
- 1 个烤架（蛋糕架，或者用烤箱内的烤架即可）
- 绳子或者穿肉串的扦子
- 1 把尖锐的餐刀
- 1 个很重的瓶子或者木槌
- 1 个食品秤或者邮包秤
- 纸和笔

步骤

1 去除牛肉上的脂肪，沿其纹理切成牛肉条。每根牛肉条大约 1 英寸宽，1/4 英寸厚。由于牛排的厚度可能超过 1/4 英寸，你必须找到中部较厚的部位，将刀插入肉质层纵向切割。你可以向成年人咨询如何正确切片。准备 8—10 根牛肉条即可。

2 将牛肉条放在案板上，用重瓶子（比如番茄酱瓶）或者木槌敲打，直至牛肉变薄。将牛肉条分成两组。尽量保持两组之间数量、重量一致。向其中一组牛肉条撒盐，将盐粒拍入牛肉中，然后将牛肉翻面，继续撒盐、拍打。

3 进一步将牛肉条分成 4 组，按照如下设置：

第 1 组：烤箱除湿，撒盐

第 2 组：烤箱除湿，未撒盐

第 3 组：空气除湿，撒盐

第 4 组：空气除湿，未撒盐

4 用食品秤或邮包秤对牛肉进行称重并记录，还要注意用烤箱除湿的过程中，牛肉条在烘干架上的位置，以及在空气除湿过程中，牛肉在绳子或者扦子上的位置。

5 你可以在两把椅子之间系 1 根绳子，将肉挂在绳子上进行空气除湿。（我用的是羊肉串扦子，我把扦子两端架在两把椅子上，将牛肉穿起来悬挂。）靠暖气近一些的会加速除湿。

6 用烤箱除湿时，烤箱温度调至最低档，大约 150 华氏度（约 66 摄氏度），然后将烤箱门稍微敞开一些。

7 除湿后，肉干会变皱变黑，我用烤箱烤了 8.5 小时才完全除湿，在空气中除湿大约需要 36 小时。

观察

除湿后的牛肉条重量会下降，给每个牛肉条称重，用如下公式计算其损失的重量所占的百分比：

$$损失的重量所占百分比 = \frac{除湿前重量 - 除湿后重量}{除湿前重量} \times 100\%$$

烤箱除湿的肉干冷却后，尝试掰断它。同样地，也尝试掰断空气除湿的肉干。哪种方式处理后的肉干更脆？哪种更有韧性？加入盐会对除湿产生影响吗？你可以直接吃掉肉干，相信你会有答案的。

更多研究

将盐（或其他调料）挤压入肉中的方法叫作干腌，盐会吸收肉中的水分，细胞中的水分会向盐分更高的细胞外流动。

用湿腌或卤制的方法处理牛肉。将牛肉条浸泡在半杯粗盐和 2 杯水的混合物中，腌制一夜。第 2 天取出，用厨房纸巾擦拭后，进行烤箱除湿或者空气除湿，记住同时要对另一份未经腌制的牛肉进行烤箱除湿或者空气除湿，以便对照。在干燥过程中，干腌和盐水腌制哪种更有效？

西葫芦
冷冻与解冻

温度越低，微生物越不活跃，这是冰箱冷冻保鲜的原理。但是你肯定也知道，就算冷冻时间再长，食物也会变质。冷冻只会抑制微生物的生长，并不会杀死微生物。所以当食物解冻后，微生物还是会活跃起来。（因此，解冻后的食物要及时吃掉。）

冷冻的一大优势就是，与其他储存方法相比，其更能维持食物本身的形态。但是冷冻也会使食物发生改变，尤其是蔬菜的质地。如果是用于烹饪的蔬菜，其质地变化并不会特别影响食用效果。但是对生菜、西红柿这类可以生食的蔬菜，其质地变化太大就会令人失望。（不要只是听我的结论，用生菜试试吧。冷冻后再解冻，看看生菜有什么变化。）

冷冻食品公司花费了大量的时间和金钱，开发出尽可能保持冷冻蔬菜新鲜的方法。在接下来的实验中，你会比较家用的冷冻方法和商业化的冷冻方法有什么区别。

材料与器具

- 1 包市面上售卖的冻西葫芦
- 1 个小西葫芦
- 纸巾
- 1 把餐刀
- 2 个塑料袋，带封口夹
- 1 个冷冻温度计（可有可无）

步骤

1. 将 1 包市面上售卖的冻西葫芦冻入冰箱，再将小西葫芦洗净，甩干，切成 1/2 英寸厚的小片。将一半切片放入塑料袋中，用封口夹封好，然后将袋子放入冰箱冷冻。

2. 将另一半切片放入塑料袋中，封口后冷藏。这是对照组，用以对照冷冻后的结果。（好的科学实验都是对照实验，在设置时确定好变量，进而加以对比由该变量产生的不同结果。）

3. 第 2 天取出两份冷冻的西葫芦，解冻（可能需要几小时才能完成）。对比 3 组西葫芦的质地。

观察

哪组西葫芦质地最硬？哪组西葫芦质地最柔软？

相同重量的固态水（密度小）比液态水体积大。生活中你可能会有这样的经历，将罐装汽水放在冰柜里冷冻，一段时间后忘记取出来，铝罐就会被撑大甚至胀开。将芹菜茎放入冰柜中冷冻，第二天取出解冻，观察有什么变化。植物细胞中有大量水分，冰冻后，水结成冰，体积变大，破坏了细胞壁，植物也就没有原来那么脆了。

市面上的冷冻西葫芦都是在极寒条件（约零下 29 摄氏度）下冻制的，而家里的冰箱不能达到那么低的温度。（你可以用冷冻温度计量一下冰箱的温度。）在慢速冷冻的过程中，冰晶的体积会偏大。猜一猜，哪一组中的冰晶更大些？

将所有西葫芦，包括冷藏的西葫芦，一起放入锅里，加水煮沸，水开后继续煮 5 分钟。滤出西葫芦，加入调料，比如黄油、盐、胡椒粉。你还能区分这几种西葫芦吗？

更多研究

你还可以探究冷冻对肉能起到什么作用。将 1 块生肉平均切成两份，一份放入冰箱冷藏，另一份冷冻。大约 1 天之后，取出两份肉，将冻肉解冻，比较两份肉的外观和质地。然后烤熟，品尝一下，看看是否有区别。

一位肉食包装厂的食品化学家曾经告诉我，动物细胞会受到冰晶的影响。细胞周围是蛋白质薄膜，而尖锐的冰晶会破坏这层膜，使肉质更嫩滑。因为这个区别太微妙了，普通人很难观察到。食品化学家会用特殊的方法测量肉质嫩滑度。

在 178—184 页的烤牛排实验中，我通过记录朋友咀嚼的平均次数比较牛排嫩滑度，此处也可以用该方法。

在进行本书修订版的研究过程中，我在瑞典遇到一位科学家，他叫弗雷德里科·戈梅。他的团队正致力于研究一种可以冷冻沙拉的方法。YouTube[1] 上有一个视频展示了他们在做什么。似乎所有可以过冬的植物，其细胞中都有一种叫作海藻糖的糖分。这种糖分可以保证细胞免受冰晶的损害。戈梅用真空和脉冲电场将海藻糖赶入防风草和菠菜叶的细胞内。我没有真空和脉冲电场设备，就在网上买了一些海藻糖，通过将植物浸泡在 20% 浓度的海藻糖溶液中，试图使植物吸收海藻糖，但最终没能成功。但是如果你对这个科学实验感兴趣，不妨亲自试一试。

罐装水果和蔬菜
酸含量很高和很低的食物

1809 年，拿破仑征集可以为军队保存食物的办法，罐装食品就这样诞生了。罐装食品最初都是真空密封罐，然后加热以杀死微生物。（当然，当时的人们并不知道这一变化过程。直到 40 多年后，巴斯德才发现了食物变质和酒发酵的过程，以及"罪魁祸首"。）人们都说，如果罐装食品被法国保留为秘密，那么拿破仑早就可以征服世界

① 国外的一个视频网站。

了。但是到 1810 年，这个方法非但早已不是秘密，还被英国人加以改良了——采用锡罐（镀锡铁罐），而不是厚重的罐子储存食物。

如今商业化的罐装措施安全可靠，也能保证较长的储存时间。现代的罐头食品厂将食物放入罐头里，在 250 华氏度（约 121 摄氏度）的条件下进行压力蒸煮。压力蒸煮锅都是密封锅，可以封存高温蒸汽。水的沸点是 212 华氏度（100 摄氏度），压力蒸煮锅可以用高于水沸点的温度加热，这样食物可以熟得更快一些。所以，罐装食品不仅无菌，而且已经做熟，可以直接食用。你可能也想用家里的器具试一试加工罐装食品，但是厨房器材有限，而且罐装食品的加工过程对温度条件要求很高，因此该实验不能在家完成，也不适合在本书中详述。我们的实验用的都是市面上能买到的罐装食品。

食物中酸的含量是决定杀死细菌所需温度的因素之一。细菌在酸含量较多（味道更酸）的食物中难以生存。比如与葡萄柚相比，细菌可能在酸含量较少的四季豆中更好生存。事实上，在家中自制罐装四季豆（以及其他酸含量较少的食物）的隐患之一是，如果灭菌不充分，环境中易滋生一种致命的细菌——肉毒杆菌。

这些细菌产生的物质会导致肉毒中毒，这是所有食物中毒中伤害最大的。肉毒杆菌产生的有毒物质毒性极强，只在 1 个豆子上的少量毒物也可使成年人丧命。食用有毒物质 24 小时之内，人就会出现呕吐、眩晕、口渴、吞咽困难、口吐白沫等中毒症状，其致命率高达 60%—70%。即便幸存，患者也要半年时间才能恢复。肉毒中毒在低酸家庭罐装食品中如此危险的原因是，这种细菌的孢子（繁殖的"种子"）在家中非常常见，且十分耐热。这类细菌非常容易在含酸量较低的食物中滋生，且至少要加热 20 分钟才能杀死它们。而含酸较多的食物，比如西红柿，并不能为细菌提供适宜生存的环境，因此这类食物中细菌较少。

测量酸的剂量也是化学家的日常工作之一。这个过程非常有意思，还会产生很多令人惊奇的结果。只靠品尝很难比较食物中的含酸量，在下面的实验中，你将学会如何测量罐装水果和蔬菜中的含酸量。

材料与器具

- 挑选以下几种罐装食物：胡萝卜、四季豆、樱桃、菠萝、杏、桃、梨、西红柿、甜菜、芦笋、玉米、利马豆（尽量选添加剂较少的品牌）
- 量勺若干
- 红甘蓝指示剂（参考 18—21 页）
- 纸和笔
- 小的果汁玻璃杯若干
- 茶匙若干

步骤

大部分食物都显酸性，有一些可能含酸量很高。有一种方法可以将食物的含酸量进行分级，这种方法叫作滴定分析法。你需要数一数要滴多少次水果汁或者蔬菜汁，才能使指示剂变色。

1 对于每一种要检测的罐装食品，你都需要为其单独准备 1 个玻璃杯和 1 个茶匙用以搅拌。向每个玻璃杯中加入 2 汤匙红甘蓝指示剂。

2 从第 1 种待测食物中取出液体滴入指示剂中，每次 1 茶匙。每次加入后都要搅拌。记录需要多少茶匙，指示剂颜色才会变成红色。用同样的方法检测下一种食物。

观察 ◀◀◀◀

按含酸量为你检测的食物排序，用这里的表格来检查你的结果。

结果也许会不同，这可能是罐中加入了调味剂或者其他果汁的原因。实验前先看一看标签上的配料表，一定要确保自己用的是添加剂最少的罐装食品。

含酸最多
樱桃
菠萝
桃
杏
梨
西红柿
胡萝卜
四季豆
甜菜
芦笋
利马豆
玉米
含酸最少

巧克力布丁

卡拉胶的稳定性

你看到过布丁中有液体流出吗？如果没有，那就是布丁中一种叫作卡拉胶的物质起了作用。卡拉胶是爱尔兰海藻风干后的提取物。早在几百年前，爱尔兰人和法国人就用卡拉胶做布丁了。由于卡拉胶分子可以和蛋白质结合发生反应，所以它是十分有效的奶制品稳定剂。

在接下来的实验中，你会看到卡拉胶在巧克力布丁中的作用。因为市面上所售的布丁中都含有卡拉胶，所以你只有从头到尾都亲自准备，才能观察到卡拉胶的效果。

材料与器具

- 烤制专用无糖巧克力
- 1 杯砂糖
- 盐
- 1 个双层蒸锅
- 2 个中型碗
- 16 盎司炼乳（检查包装上的配料表，确保含卡拉胶）
- 量杯和量勺若干
- 勺子若干
- 2 杯鲜牛奶
- 6 汤匙玉米淀粉
- 2 茶匙香草精
- 1 把餐刀（便于水平测量）

步骤

1. 将 1 盎司（1 个正方形）巧克力放入双层蒸锅的上层，加入沸水，加热至融化。

2. 慢慢加入 1/2 杯砂糖，1¾ 杯炼乳（含卡拉胶）和少量盐。

3. 在混合物加热过程中，取 3 汤匙玉米淀粉加入 1/4 杯炼乳中，混合后倒入锅中与混合物混合，不时搅拌。

4. 持续加热、搅拌约 10 分钟，至混合物变稠，且尝起来没有生淀粉的味道。

5. 关火后，移走布丁，稍微冷却后加入 1 茶匙香草精。将混合物倒入碗中，冷却至室温，之后冷藏。

6. 用鲜牛奶代替炼乳，重复上述步骤作为对照组。对照组做出的布丁中不含卡拉胶。

观察

至少让布丁在冰箱中冷藏 1 天再食用。哪种布丁会形成一层表皮？随着放置时间变长，哪种布丁会"哭泣"（边缘出现液体）？你对卡拉胶的稳定性有什么认识？

卡拉胶作用于蛋白质的过程中，可以防止乳脂与水分开，因此含有卡拉胶的布丁不会"哭泣"，而随着存放天数的增加，不含卡拉胶的布丁则会渐渐分离出液体。对照组表面形成的表皮是凝固的乳蛋白，而卡拉胶会与乳蛋白结合，保持布丁表面光滑，因此实验组不会产生一层表皮。

果汁中加入卡拉胶可以防止沉淀，冰激凌中加入卡拉胶会避免形成大块冰晶，炼乳中的卡拉胶则可以防止乳脂分离。为什么用鲜牛奶做成的布丁和用炼乳做成的布丁口感不同？这是许多食品使用添加剂的一个例子。

食品添加剂一直是舆论争议的热点。食品生产商使用的很多食品添加剂，其安全性都未得到证实。有些食品添加剂已被证明是有害物质，进而被强制下架。很多人认为食物中加入任何添加剂都可能有潜在危害，因此有机农场供应商总会不断强调，他们的产品纯天然，没有使用化肥农药等。

对于敏感人群，食用带有添加剂的产品的确有风险。美国食品药品监督管理局会管控食品添加剂，这些添加剂通过检测才能投放市场。监管部门会公布公认安全的食品添加剂清单。对大部分人来说，食用经过检测且长期投放市场的添加剂，基本不会产生副作用。

测量卡路里

人类靠食物获取能量，用于生长、移动、感知世界、病后恢复等生命活动。这种能量由燃料和氧气反应产生。燃料在空气中燃烧时，火焰的光和热会释放能量。在人体内，酶控制能量的释放，并将其用于生命活动。但这个过程产生的能量很少，也不足以让整个人"发光"。有一个简单的方法，可以测量燃料燃烧时产生的热量。热量会影响周围环境的温度，因此测量水温变化即可了解燃烧释放了多少热量。你要做的只是使燃料燃烧，保证热量可以传递到水中即可。这也就是本书 122 页介绍的量热器原理。

世界上不同国家的科学家在测量热量时，有些用国际单位制，有些用英制。这就意味着我们需要进行简单的换算。本书所用的测量食物中所含热量的单位是卡路里。1 卡路里热量指将 1 克（1 毫升、1 立方厘米）水温度升高 1 摄氏度所需的能量。

测量卡路里的仪器叫作量热器，每个食品加工厂中都有量热器。焚烧食物样品的隔热箱隔热，可以防止热量流失到空气中。测量热量是一项量化活动。改装版的量热器采用汽水罐和明火，虽然测量结果不准确，但是你可以得出实验结论，还可以通过对比包装袋，算一下自己的误差率。在这个过程中，你可以体验一把科研工作者（那些在实验室工作的人）的工作状态。

这是一个非常细致的实验过程，需要不断反复操作，以及反复验证实验结果。你需要像科学家一样自己组建装置，还需要添置一些网上才能买到的测量设备。但是这套设备有很大的使用价值，它可以帮助你测量很多食物的热量，还可以让你认识到精确测量对科学研究的重要性。

材料与器具

准备操作台：

- 4 个金属涂层衣架
- 粗麻绳
- 尖嘴钳（用于塑形）
- 剪钳

实验用料：

- 水
- 巴西坚果
- 铝箔
- 干净的空汽水罐（铝制）
- 1 个量杯（毫升规格）
- 1 个邮包秤（精确到克，能精确到 1/10 克最好，但不是必要的）
- 1 把餐刀
- 1 个摄氏温度计（网上可以买到）
- 三角形开瓶器
- 打火机
- 纸巾若干
- 1 个隔热垫
- 棉花糖若干（可有可无）

步骤

1. A. 将 2 个金属涂层衣架弯曲至一定程度，形成 4 条腿。

   B. 将衣架弯钩外端剪去 1 英寸左右，你仅需保留衣架拧结后 3 英寸的长度。剪掉后在外端拧出新弯钩。

   C. 将 2 个衣架弯钩挂在一起，保证连接处与两侧衣架杆角度成直角，以便作为操作台的"桥梁"。

   D. 在另外 2 个金属涂层衣架上剪下 4 根 10 英寸长的铁丝。注意铁丝末端的弯曲处，保证铁丝与衣架腿固定到位。

   E. 用细绳加固顶部的连接处。

   F. 利用剩余的铁丝做一些弯钩，便于调整汽水罐距离火焰的高度。

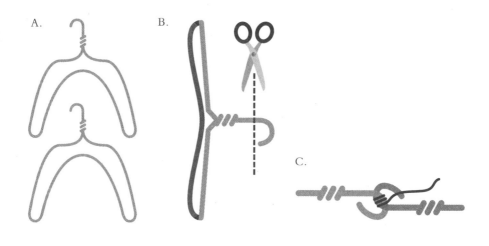

A.

B.

C.

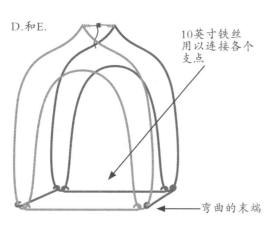

D.和E.

10英寸铁丝用以连接各个支点

弯曲的末端

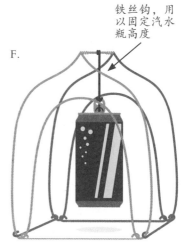

铁丝钩，用以固定汽水瓶高度

F.

2 制作 1 张记录表。（下页是我自己做的实验数据，便于你了解可能出现的实验结果。）

3 可以先试验一下：在工作台上铺 1 张铝箔，将设备放到铝箔上。向空的汽水瓶中倒入 200 毫升水。（你既可以用量杯按照体积测量，也可以用邮包秤按照重量称取。国际单位制算法的

食物	起始重量（单位：克）	最终重量（单位：克）	起始温度（单位：摄氏度）	最终温度（单位：摄氏度）	温度变化（最终 - 起始）	水的重量（单位：克）
巴西坚果	3	0	29	70	41	200

便捷之处就是，1 克水和 1 厘米 ^{3} 水，这两种表达可以交换使用。）如果水的起始温度是室温，你就不用着急了。用餐刀平切巴西坚果的一端，称重。将其插在开瓶器的尖嘴上，这样巴西果就可以垂直放置了。测量并记录水温。测完后移走温度计。将汽水罐悬挂在支架上，并保证汽水罐位于巴西坚果上方 2 英寸处。

❹ 做实验的时候，请成年人用打火机帮忙点燃巴西坚果。点着后，巴西坚果过一段时间才会燃烧。当火焰稳定后，将巴西坚果放在汽水罐下方。你会看到，当火焰接触到瓶底时，会产生烟，这是纯碳，证明巴西坚果燃烧不充分。巴西坚果燃烧充分时会产生二氧化碳，二氧化碳无色无味。但是如果瓶身距离火焰太远，燃烧产生的热量就会散入空气中。坚果燃尽后，用隔热垫将汽水罐取出。由于底部和上部受热不均，可以绕圈摇晃一下保证水温均匀。测量水温，并对坚果残留物称重。

数学计算

数学是科学的"语言",不同变量之间的关系可以通过数学表达出来。下面我们就来看一下食物中的能量和水温变化之间的关系吧。

第一步,计算水的温度变化:

最终温度—起始温度 = 温度变化

第二步,计算 200 克水产生了多少卡路里:

1 卡路里是 1 克水温度升高 1 摄氏度所需的热量。而本实验中,200 克水升高了 41 摄氏度,因此计算结果如下:

200 克 ×41 摄氏度 =8200 卡路里

第三步,食物中的热量都是以千卡为单位[①],写成 kcal,即:

8200 卡路里 =8.2 千卡

第四步,燃烧掉多少克食物?

起始重量—最终重量 = 燃烧重量。在本次实验中,巴西坚果燃烧掉了 3 克。

将产生的热量按照克数平均,就可以算出每克坚果的热量:

---

① 我国法定计量热量的单位为焦耳,符号为 J。

8.2 千卡 ÷3 克 ≈ 2.73 千卡 / 克

你可以将自己的实验结果与巴西坚果包装袋上的配料表加以对比。

根据配料表所列，28 克坚果所含热量是 200 千卡，因此每克的卡路里含量为：

200 千卡 ÷28 克 ≈ 7.14 千卡 / 克

这个数值显然比我的实验结果要高很多，我的误差率可以这样计算：

$$误差率 = \frac{2.73}{7.14} \times 100 \approx 38\%$$

这样大的误差是如何造成的呢？原因有很多。比如坚果留有灰烬说明未充分燃烧；我的秤不是很精确——只能测量整数克重；燃烧过程中，热量会散到空气中，汽水罐本身也会散热。所以你看，在家中自制精确的量热器是件很困难的事情。但是尽管如此，这个方法还是可以体现很多食物的热量水平。

如果你用其他物质和巴西坚果进行对比，你会发现有些食物热量很高，有些则很低。我还尝试过在汽水罐下面用扦子烤棉花糖，但是棉花糖很快就融化了。

如何阅读营养成分表

所有包装食品都有营养成分表。成分表中有关于食物的很多信息，比如所含的热量。这些信息都来自实验室，是科学家们利用精准的测量仪器得出的。

任何人按照操作都可以得到这些实验数据，而这些数据也会在科学界公布。科学家们都在不断检验他人的成果，这样所有人才会诚实地对待科学研究，而数据造假等行为早晚都会暴露。不过，做科学研究的前提是能看懂数据，如果你能理解科学家们发布的信息，自己也就可以做一些基础调查了。此处有一点要特别声明，我接下来要告诉你的信息中，有些会揭露食品公司的意图，他们不想让公众知道真相。

下面我以一包薯片袋上的信息为例，来展示一下营养成分表中的重点内容。

食品重量有两种表示方法——英制单位（盎司）和国际单位制单位（克）。注意一下 1 份薯片的量，这就是食品生产商想要迷惑你的地方。大部分人都不会注意到，"1 份"是指 15 片。人们通常会吃掉一整袋。1 份的卡路里数乘以整包的份数才是整包薯片的热量。因此，1 袋薯片的热量超过 1000 卡路里。（是不是不敢相信自己摄入了这么多热量？）

接下来的列表中数据单位都是克。右面是摄取量所占的百分比，该占比以每天平均摄取的能量为 2000 卡路里为标准。同样，列表中是

营养成分表

1 盎司量（28 g/ 约 15 片）

每份含量

卡路里值 160		脂肪卡路里值 90
		% 每日参考值 *
总脂肪 10 g		16%
饱和脂肪 1 g		5%
反式脂肪 0 g		
多饱和脂肪 2.5 g		
单不饱和脂肪 5 g		
胆固醇 0 mg		0%
钠 170 mg		7%
钾 350 mg		10%
碳水化合物 150 mg		5%
膳食纤维 1 g		5%
糖 不足 1 g		
蛋白质 2 g		

维生素 A 0%	•	维生素 C	10%
钙 0%	•	铁	2%
维生素 E 6%	•	硫胺素	4%
烟酸 6%	•	B 族维生素	0%
镁 4%	•	锌	2%

* 每日参考值的百分比基于 2000 卡路里测算得出。每人每天摄入值因需求不同略有差异。

卡路里:	2000	2500
脂肪总量	不超过	65 g	80 g
饱和脂肪	不超过	20 g	25 g
胆固醇	不超过	300 mg	300 mg
钠	不超过	2400 mg	2400 mg
钾		3500 mg	3500 mg
碳水化合物总量		300 g	375 g
膳食纤维		25 g	30 g

每克卡路里值
脂肪 9 • 碳水化合物 4 • 蛋白质 4

配料: 马铃薯，植物油（葵花籽油，玉米油或菜籽油），盐
不含防腐剂。

1 份的数据，15 片薯片会占你每天应该消耗的脂肪总量的 16%。你要限制摄入的饱和脂肪（室温下呈固体的脂肪）量，因为身体会将饱和脂肪转化成胆固醇，胆固醇偏高会造成动脉硬化和心脏病。盐中含有钠元素，钠是身体活动必需的元素，但是摄入过多的钠会导致高血压，甚至中风。

碳水化合物包括淀粉、蔗糖、纤维素等。膳食纤维有助于健康饮食，培养肠胃内部的益生菌，但是 15 片薯片中并没有多少膳食纤维。产品中没有额外加糖，蛋白质也来自马铃薯本身。

薯片中会有一些维生素和矿物质，但其含量不足以满足你的日常需求。注意，星号部分是提示你表中所列的百分比是以每天摄入 2000 卡路里为标准，因此这意味着表里的值会因人而异。但这个表确实会

给你一些参考。

接下来是配料。所有成分会按其所占比例从大到小列出。注意，最先列出的是马铃薯。这还好，你知道自己吃的是什么——是真实的马铃薯。还有些产品会这样列出：水，葡萄糖，柠檬酸，柠檬酸钠，磷酸钠，柠檬酸钾，天然和人造香精，酯类，树胶，人工色素。你知道这些配料会组成什么吗？这并不是在实验室中随便混合出来的物质，这是一种柠檬味的饮料，专门用于给长时间剧烈运动后的身体补充盐分。在这种柠檬饮料中，葡萄糖是除水之外含量最高的物质。柠檬酸和柠檬酸钠是让饮料尝起来像柠檬或橙子味道的物质。

你还可以研究，免煮谷类中含有多少糖。我将不同品牌进行了对比，每份谷类中的糖含量从 4 克至 12 克不等。人们强烈呼吁食品监管部门将营养成分表中对"糖"和"添加糖"进行区分。食品生产商曾经开展过这样的调查：他们告知消费者某种产品中的糖含量，然后请消费者为其打分。最终厂商找到了人们对糖含量的喜爱标准，然后按照该标准向食品中添加糖，以迎合人们的"幸福点"。这样，人们便会追逐这类产品，而对其他不太甜的产品不屑一顾。你觉得这样的营销会导致怎样的结果呢？暴饮暴食？过度依赖某种食品？龋齿？（一些下颌化石表明古人没有龋齿。）

此外，要记得检查标签上"1 份"的食品量。很多食品生产商不愿意直接公布整袋食品的卡路里，但是你可以将单份食品的卡路里乘以食品份数得出总卡路里。

营养均衡的健康状态并不难达到，人体需要从新鲜食材中获取碳水化合物、脂肪、蛋白质、维生素以及矿物质，你只需保持这些物质的摄入量平衡即可。但这并不意味着，你不能吃加工食品。（毕竟烹饪

也是一种加工方式。）只是，你不可以只吃加工食品。如果你摄入的卡路里超过活动消耗的，那么多余的卡路里就会在身体里以脂肪的形式存储起来。所以了解的科学知识越多，你越能懂得如何保持健康。

烹饪术语及指导方法

浇汁：烹饪时将食物打湿，防止其表面干燥，保证入味。浇的汁一般是食物自己渗出的汤汁，也可以是腌制的酱汁。糕点刷很好用，当然，你也可以用勺子。

打蛋清：准备好常温蛋清，打蛋清最好用电动搅拌器。（如果没有，也可以用自动打蛋器或者球形搅打器，手酸的时候可以请朋友帮忙。）慢慢搅动蛋清至有气泡产生，然后加速，最后大力搅拌至成形。打好的蛋清表面光滑，移出打蛋器时会留有尖峰。打蛋清的时间不宜过长，否则蛋清会干。

煮沸：液体煮沸时，气泡不断浮到水面然后破裂。在标准大气压下，水的沸点是 212 华氏度（100 摄氏度）。溶液的沸点会更高。

乳化：乳化是将一种起酥油（比如黄油）和其他原料（比如糖）混合均匀的过程。用电动搅拌器很容易将黄油乳化，而且形成的混合物松软又色泽鲜亮。你也可以用大勺子（比如木勺）手动搅拌，代替电动搅拌器。不管使用什么工具，你都要首先准备化开的黄油。手动乳化时，记得用勺背按压黄油，并由外向内按压，不断用勺子翻面，注意随时将碗边的混合物刮到中间，刮至混合物充分混合、表面光滑为止。

切入：用糕点搅拌器或者两把餐刀，就可以将固态脂肪搅拌在面

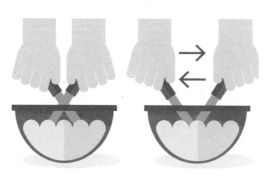

粉中，得到你想要的混合物。如果你用的是电动搅拌器，那你每隔一段时间就要将搅拌器上的面团清理回碗中，继续混合。如果你用的是两把餐刀，每手握一个，刀尖触碗底，交叉切割即可。

双层蒸锅：由两个锅组成，小锅放在大锅上面，下面的大锅装满水。双层蒸锅的目的是保证上层锅内的原料温度刚好在水沸点或稍微低于水沸点。

舀入：取一大勺饼干或甜点的面糊，用另一个勺子或者手辅助将面糊推至烤盘上。每份面糊之间留几英寸空隙，防止烤制过程中面糊膨胀、摊开。

折叠：一种用于将软质的原料（如奶油或打好的蛋白）和其他原料进行混合的方法，这种方法不会损失太多体积或者气泡。将软质的成分放在硬质的成分上，然后用橡胶铲将其切入，滑入

碗底，将其中一半混合物掀起翻压到另一半上面，把碗转 1/4 圈，重复这个圆周运动，直到原料混合均匀。折叠次数过多会损失面团内的气体，影响产品松软度。

揉面：在手上随意撒一些面粉，取出面团，将其放到一个撒有面粉的表面上，揉成球状，然后将面团由外向内折叠，握拳后用手指关节处向外压面团。将面团旋转 1/4 圈，重复操作。不断在面板上撒一些面粉防止粘连。自己掌握动作节奏，揉面是全身运动，不仅是手臂在动，而且至少要揉 10 分钟才能揉出光滑有弹性的面团。

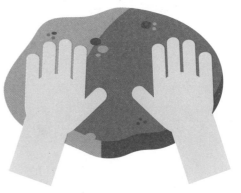

量取干性混合物：将干性混合物铲入量杯中，或者用小勺慢慢舀入，用餐刀或其他表面平整的器具将其表面抹平。该方法也适用于量勺。

量取液体：用带嘴的玻璃量杯量取液体。将液体倒入量杯中，并在与眼睛水平的位置检查测量值。用量勺量取液体时，液体不能溢出。

准备烤盘：做蛋糕、松饼和纸杯蛋糕的时候，小盘内层要涂上一层黄油或植物油，然后取 1 茶匙面粉，旋转散在表面保证均匀，最后倒掉多余的面粉。做面包、饼干或甜甜圈的时候，只涂油就可以，不用撒面粉。这样做是为了防止糕体与烤盘粘连。你也可以用黄油味道的不粘锅喷雾。

高压锅：一种坚固的、顶部带有气阀的锅，可以密闭盛放水和食物。加热时，产生的水蒸气被压在锅内，使锅内温度升高到沸点以上，因此饭很快就熟了。所有高压锅都有一个气阀，放出气体后才能打开锅盖。

分离鸡蛋：准备两个碗，一个放蛋清，一个放蛋黄。用鸡蛋中部轻轻敲碗边，或者用餐刀将其敲出裂缝，之后用大拇指和其他手指的指尖掰开鸡蛋。倾斜蛋壳，两半蛋壳一上一下，蛋黄会留在下面的蛋

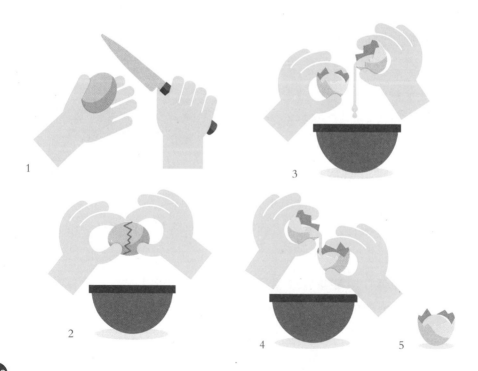

壳中。在鸡蛋下面放一个碗，移开上面的蛋壳，蛋清就会流入碗中。在两个蛋壳之间交替传递蛋黄，直到所有蛋清流入碗中。之后，将蛋黄放入另一个碗中。蛋清中不能混有蛋黄，否则就不能打成有坚挺尖峰的奶油。（蛋清不能与脂肪混合。）如果你对几个鸡蛋进行分离，我建议你每份蛋清都用一个单独的碗存放，防止偶尔混入的蛋黄破坏所有蛋清。

慢炖：慢炖的过程中，液体没有达到沸点，底部产生的气泡只是慢慢浮到表面。炖汤时注意调节火炉的火力大小。

打稀奶油：你可以用电动搅拌器、打蛋器或者球形搅打器打稀奶油。冷却的奶油更容易打稀，因此如果你要手动搅拌，可以将奶油碗放在一碗冷水上面。高速搅拌直到搅拌器抬起时出现尖峰。如果持续搅打稀奶油，你猜会得到什么？你会得到黄油！

科学词汇表

酸：与碱反应会形成盐。有些酸溶液尝起来口感也是酸酸的，比如柠檬汁或者醋，但是品尝并不是检验酸的好办法，因为有些酸有毒。硫酸和硝酸会烫伤皮肤，还能腐蚀金属。常见的可食用酸有橙子中的柠檬酸、醋中的醋酸。这些酸会使食物口感更好，还能补充维生素 C。

炼金术士：中世纪的化学家，致力于将金属变成金子。他们发明的很多化学方法至今仍为人所用。

可溶性碱：可以中和酸形成盐，是碱中的一种。碳酸氢钠，又叫小苏打，是最常见的厨房用碱。

氨基酸：由碳、氢、氧、氮（有时还有硫）等原子组成的分子，它们结合成链，形成蛋白质。消化过程中，蛋白质水解会形成氨基酸，氨基酸可以重组成消化器所需的蛋白质。

原子：组成元素的最小微粒，仍具有该元素的化学性质。几种不同元素的原子可以结合形成化合物。

细菌：一种单细胞微生物，一般不含叶绿素。细菌随处可见，人体中也有。有害细菌会使人生病，但有些细菌是有益的，比如将牛奶变成奶酪的细菌。

碱：可以与酸中和形成盐的化合物。碱溶液发苦，可以导电。小苏打溶于水，因此又叫可溶性碱。

菠萝蛋白酶：在新鲜菠萝中发现的一种能分解蛋白质的酶。

缓冲剂：可以吸收酸或碱分子，并将其从溶液中分离出来。

卡路里：标准大气压下，1克水升高1摄氏度所需的能量。1千卡等于1000卡路里，也就是1000克水升高1摄氏度所需的热量。成年人平均每天摄入2000卡路里热量。

焦糖化：糖在受热分解后产生棕色的简单化合物的反应。

碳水化合物：由碳、氢、氧3种元素组成的化合物。碳水化合物中每个碳原子结合2个氢原子和1个氧原子。蔗糖和淀粉都是碳水化合物。

卡拉胶：从风干的爱尔兰海藻中提取的食品添加剂，用于给布丁保水。

细胞：构成生物的最小单位，结构为细胞膜包裹原生质。

细胞膜：细胞最外层的薄膜。

纤维素：植物细胞壁中的一种碳水化合物，用于支撑其结构。

化学反应：改变物质化学性质或形成新物质的过程。

叶绿素：植物中的一种绿色色素，植物能通过它们进行光合作用，为自己创造食物。

胆固醇：存在于动物脂肪、血液和神经组织等中的白色物质。动脉中的胆固醇过多会导致心脏病。

澄清：使物质变得清澈、无杂质。

凝结：指液体变为半固体。凝结是蛋白质变性的一种方式。

合并：一起生长或相融。

胶原蛋白：一种不溶于水的固体蛋白质，常见于软骨组织、肌腱、韧带和骨头中。

胶体：由溶剂和溶液混合形成的均匀混合物。溶质分子比单分子大，但不足以沉淀。胶体中的胶质粒子比溶液中的大，比悬浊液中的小。

化合物：由两种或多种元素形成的纯净物。化合物与混合物的不同之处在于，形成化合物的物质性质会发生改变，通常生成的化合物的性质与反应物的差异很大。

连续性：不间断。用于描述溶液或悬浊液的溶剂粒子不断彼此接触、碰撞的状态。

对照组：实验中用于验证或对比实验结果而设置的组。

晶体：固态物质，原子和分子按照一定的方式组合。固体呈现规则的几何形状，多面或者多棱，比如糖和盐。

倾析：将液体缓缓倒出，留下沉淀。倾析可以用来分离悬浊液。

变性：通过加热和加入酸、碱等使蛋白质的性质发生改变的方法。变性会使蛋白质的最初属性改变或消失。

密度：单位体积内物质的质量。比如相同体积的铅比木头重，说明铅比木头密度大。

扩散：液体分子或气体分子由密度较大的地方向密度较小的地方运动的现象。溶质粒子通过扩散进入溶剂中，这样溶液就形成了。

不连续性：受到干扰而中断。溶液或悬浊液中的溶质粒子彼此不接触、被溶剂分隔开的状态。

电极：通过将电子移入和移出溶液让电流完成电路的装置。电池有两个电极，负极产生负电荷，正极产生正电荷。你可以看到电池上的"+"和"-"表示正负两极。

电磁辐射：可以在空间传播的能量波，比如光波、无线电波（包括微波）、X射线。

元素：组成纯净物的最小单位。世界上至今发现的有118种元素，其中有一部分是人造元素。所有的人造元素都具有放射性，留存时间很短，之后就会消失或被吸收。

乳化剂：可以使两种互不相溶的液体混合形成稳定的乳浊液的物质。

酶：生物体内一种复杂的蛋白质，可以控制化学反应，而本身性质不发生改变。

发酵：指生物体（比如酵母）内的酶对糖发生作用的过程。葡萄汁酿酒的过程就是一个很好的例子。

絮凝：将物质中的杂质聚结并提取出来。

果糖：一种单糖，在水果中比较常见。

明胶：胶原蛋白加热后产生的果冻状可溶性蛋白质。明胶冷却后会形成透明的半固体。

葡萄糖：一种存在于植物果实和血液中的单糖。

面筋蛋白：小麦或者其他谷物制成的粉状物在温暖潮湿的条件下，经过揉制形成的蛋白质。面筋蛋白使面团光滑有弹性。

均质：指构成混合物的几部分相同或相似。学习流体时，均质指的是使溶质均匀分布在溶剂中。

吸潮：某种物质可以从空气中吸收水分。

不相溶：指两种液体不能混合在一起，比如水和油不相溶，它们不能混合形成溶液。

指示剂：遇到酸性或碱性溶液时，某种物质的颜色或其他性质会发生变化。比如石蕊试纸遇到碱会变蓝，遇到酸会变红。

乳酸：细菌分解乳糖的产物。

乳糖：在牛奶中发现的双糖。

磁控管：利用磁铁产生电子移动的设备，常见于微波炉中。

美拉德反应：氨基酸与葡萄糖混合加热产生微甜的黄色物质的反应。

物质：所有有质量和体积的东西。物质可以分为固体、液体和气体，由原子和分子组成。物质的一个重要性质是物质有密度，密度等于质量除以体积。

微生物：一种很小的生物，比如细菌。微生物会引发疾病，或使食物发酵。大部分微生物都是单细胞生物。

微波：一种能量形式，通过使物质中的水分子运动而使其温度升高。

分子：物质中能够独立存在并保持该物质所有化学性质的最小微粒。同一种元素的分子由两个或多个相同的原子组成。而一个化合物的分子则由两个或两个以上不同的原子组成。

营养成分表：食品包装上罗列营养物质的摘要，包含了每种营养成分每天应摄入量的百分比（基于每天 2000 卡路里的标准），其成分是按含量从高到低排列的。

旋光物质：这个词被用来描述某种具有旋转偏振光能力的物质。

光学：研究光与视觉的本性和特性的科学。

渗透作用：指溶剂分子通过分离两种溶液的膜的运动。根部吸水就是通过渗透作用实现的。水分子从水浓度高的一方通过半透膜向水浓度低的一方移动。因此，水流入含有矿物质的活植物组织中，使其变得清脆。因为渗透作用，水也会从盐水浸泡的黄瓜切片中流出。

氧化：物质与氧气发生化学反应。

巴氏消毒法：通过加热使微生物中的蛋白质变性以杀死奶制品、葡萄酒以及啤酒等中的细菌的方法。

光合作用：通常是指绿色植物吸收光能，把二氧化碳和水转化成有机物，同时释放氧气的过程。

色素：一种能使植物和动物的组织变色的物质。

平面：平面没有厚度，在二维空间中永远延伸，并且没有边。

偏振光：只向某一方向振动的光波。普通光波会沿各个方向振动。

偏光器：将光线过滤掉的镜片，比如墨镜片。大部分直射光都是水平偏振光，墨镜可以阻断其传播。但是当旋转头部墨镜方向时，偏振光得以继续传播。

沉淀：在液体中形成的不溶性固体颗粒，化学反应也可产生沉淀。

蛋白质：由氨基酸组成的复杂化合物。动植物中都含有蛋白质，蛋白质是有机大分子，是构成细胞的基本有机物。蛋白质分子中有很多种氨基酸，氨基酸的不同形态使得蛋白质呈现不同的性质，影响生命活动。

原生质：活细胞的全部物质。

果泥：食物颗粒在液体中形成的悬浊液，比如豌豆酱或者番茄酱。

高血压蛋白原酶：哺乳动物胃中的一种酶，会分解乳蛋白。这种酶以"凝乳酶"的名字进行商业销售。

饱和溶液：指特定温度下，溶液中吸收了足量的溶质。

连续稀释：连续改变溶液浓度的方法。

单糖：由3—6个碳原子组成的糖类。

溶胶：可溶于水的液态胶体，比如明胶溶于热水，而冷却后恢复凝胶状态。

溶质：溶液中的不连续相。

溶液：由溶剂和溶质混合形成的均一混合物。溶质微粒为单分子大小，均匀分散在溶剂中形成均一混合物。

溶剂：可以溶解另一种物质的物质，溶液中的连续相。

相对密度：某种物质的密度与水密度的比。水的密度是1克/毫升，相对密度小于1的物质会浮在水面上，大于1的会下沉。汤圆相对密度小于1。你还可以比较早餐麦片的相对密度，请注意，它们一旦吸收了液体，就会下沉。

淀粉：一种存在于马铃薯、水稻、玉米和小麦等食物中的复杂的碳水化合物。淀粉分子由多个单糖分子链组成。

底物：微生物的食物。

蔗糖：由1个葡萄糖分子和1个果糖分子构成的双分子链。

砂糖：一种味甜、晶体结构的可溶性化合物。砂糖由碳、氢、氧组成，为生物活动提供能量。

过饱和溶液：溶质浓度超过在同温度下饱和溶液浓度的溶液。

悬浊液：由溶剂和溶质形成的两相混合物，溶质颗粒体积大于单分子。搅拌后，溶质颗粒会均匀分布在溶剂中，但不会溶解。最终溶质颗粒会与溶剂分离，漂浮在溶剂中或者形成沉淀（取决于相对密度）。

滴定分析法：指通过两种溶液的定量反应来测量溶液的方法，可用来测定酸、碱以及糖溶液的强度。

丁达尔效应：一种一定体积的粒子可以散射光的现象。太阳光照进布满尘埃的房间里，就会发生丁达尔效应。尘埃粒子足够大，可以散射太阳光，而空气粒子太小，不能散射太阳光。你从光路侧面就可以观察到该现象。大雾中的车灯打光也会出现丁达尔效应。

液泡：液泡外部是液泡膜，内部是水和酶等物质的混合物。其主要功能之一是保持植物细胞的形状饱满，当液泡中的水分流失时，细胞和植物会干瘪、枯萎。

木质部：植物中质地坚硬、细长的结构，芹菜等植物靠木质部从地下吸收水分，运输到叶子中。

等量换算表

少量（一撮）= 少于 1/4 茶匙

些许 =2 或 3 滴

1 汤匙 =3 茶匙 =1/2 盎司

1 盎司 =2 汤匙

1 杯 =16 汤匙 =8 盎司 =1/2 品脱（液体）

1 夸脱 =2 品脱 =4 杯 =32 盎司

1 加仑 =4 夸脱 =8 品脱 =16 杯 =128 盎司

1 磅 =16 盎司

1 杯肉汤 =1 个肉冻块溶解在 1 杯水中

1 根 1/4 磅（黄油）=1/2 杯 =8 汤匙

1 袋（明胶）=1 汤匙